基本から実践までわかる

動画▶広告の教科書

久保田洋平 著

技術評論社

Contents

▶ **第1章**

どうして動画広告が必要なのか? 7

01 そもそも動画広告とは? 8

02 動画広告とTVCMは何が違うのか? 12

03 動画広告で期待できる三つの効果 16

04 動画広告の主戦場はスマホ 19

▶ **第2章**

動画広告の基本戦略 21

05 動画広告は広告の全体設計が重要 22

06 広告施策における動画の立ち位置 27

07 動画広告の種類と見られ方の違い 31

08 出稿できる代表的な媒体 37

09 媒体選びに迷ったらまずはYouTubeからはじめてみよう 43

10 高精度なターゲティングが魅力のMeta広告 47

11 視覚的に訴求しやすいInstagram 57

12 拡散力が魅力のX広告 62

13 ほかではリーチできない層にも届くLINE 66

14 衝動買いを促したいならTikTok 69

15 DOOHを利用したさらなる認知拡大 ⋯⋯⋯⋯⋯ 75

16 重要なのは自分ゴト化と共感 ⋯⋯⋯⋯⋯ 79

17 動画広告は間接効果も重要 ⋯⋯⋯⋯⋯ 84

18 動画は複数本用意してブラッシュアップする ⋯⋯⋯ 89

19 動画広告にどれだけ予算を割くべきか ⋯⋯⋯ 95

20 制作費と広告費の配分は大体2：8 ⋯⋯⋯ 98

21 制作費の内訳と目安 ⋯⋯⋯⋯⋯ 100

22 内部で作るか、外部で作るか ⋯⋯⋯⋯⋯ 103

23 外部パートナーを選ぶときのポイント ⋯⋯⋯ 107

▶ **第3章**

プラットフォームの特性と制作のコツ ⋯⋯⋯⋯ 111

24 YouTube：最初の5秒でメッセージを伝える ⋯⋯ 112

25 Facebook：正方形の中心に重要情報を配置 ⋯⋯ 116

26 Instagram：一瞬で伝わる工夫が必要 ⋯⋯⋯ 119

27 X：無音視聴が基本、字幕は必須 ⋯⋯⋯ 123

28 LINE：視認性とシンプルさが重要 ⋯⋯⋯ 127

29 TikTok：ユーザー投稿風に作りこむ ⋯⋯⋯ 132

Contents

▶ 第4章

動画広告の制作ステップ **137**

30 動画広告制作のステップ 138

31 調査・企画ですべきこと 144

32 動画の構成を練る 150

33 ラフコンテを作成する 153

34 絵コンテを作成する際の注意点 156

35 入稿審査の落とし穴 159

36 "当てすぎて"ウザがられないよう注意 163

37 SNS炎上を未然に防ぐには 168

38 計測するまでが動画広告 175

付録 よくある質問 179

索引 188

本書の読者特典として、動画広告の制作時に利用できる下記の資料をご利用いただけます。

・制作見積依頼シート

見積り作業の際に使用するフォーマットです。項目を埋めることで見積り依頼の際の参考資料としてください（第2章22・23参照）。

・動画制作ヒアリングシート

動画の企画・設計時に利用するヒアリングシートです。ターゲットや訴求内容の整理にご利用ください（第3章31参照）。

・ロジックシート

動画の構成を設計する際に利用するフォーマットです。広告のゴール、秒数、伝えたい内容、表現方法を検討する際にご利用ください（第3章32参照）。

・コンテシート

ラフコンテ・絵コンテのフォーマットです。セリフ、カット割り、画面の内容をまとめる際にご利用ください（第3章33参照）。

読者特典は、以下のWebサイトにアクセスし、ダウンロードしてご利用ください。

https://gihyo.jp/book/2024/978-4-297-14498-2/support

第1章

どうして動画広告が必要なのか？

そもそも動画広告とは？

Point!
- 動画広告とは、YouTubeやSNS、デジタルサイネージから流れる動画を用いた広告のこと
- 動画広告をきっかけに商品やサービスを知った人は45%
- マーケティングにおいて動画広告は避けては通れない

動画広告とはYouTubeなどに流れる映像広告

近年、よく耳にする動画広告ですが、そもそも動画広告とは何なのでしょうか。定義して説明できる人は意外に少ないのではないでしょうか？ たとえばインターネットで検索すると、次のように紹介されています。

《video advertising》動画を用いたインターネット広告の総称。ウェブページのディスプレー広告や、無料の動画配信サービスに付与される広告などがある。デジタルサイネージによる動画を用いた広告を指す場合もある。ビデオ広告[1]。

弊社でも動画広告のことを、Web動画、Web CMなどいろいろな呼び方をしますが、本書では動画広告を「**YouTubeやSNS、屋外のデジタルサイネージなどで流れる動画を用いた広告のこと**」と定義します。

なかでも、YouTubeやSNSは動画広告と不可分の関係にあります。2005年に登場したYouTubeを筆頭に、動画共有サービスは急速に成長を続けています。NTTドコモ モバイル社会研究所の調査によると、**日本国内ではYouTubeの利用率65.8%**となっており、年代別でも男性は全世代で過半数が利用。女

※1 動画広告（どうがこうこく）とは？ 意味・読み方・使い方をわかりやすく解説 - goo国語辞書
https://dictionary.goo.ne.jp/word/%E5%8B%95%E7%94%BB%E5%BA%83%E5%91%8A/

性も70代を除き過半数がYouTubeを利用しています。

　こうした傾向は、コロナ禍で拍車がかかりました。Googleの調査によると、新型コロナウイルス感染症による外出自粛の影響で自宅で過ごす時間が増え、YouTubeなど動画サービス利用者のうち74%が「利用が増えた」と回答。また2020年6月には1,500万人以上がテレビ画面を通じてYouTubeを視聴しており、これは前年比2倍以上の数字です[2]。

　また、X（旧Twitter）、Facebook、InstagramなどのSNSでも、動画が毎日のように投稿されています。総務省の報告書によると、日本国内における全年代の利用率は「X」及び「Instagram」が42.3%、「Facebook」が31.9%となっており、高い利用率となっています。近年利用者数を伸ばしているTikTokは、全年代の利用率が17.3%（前年12.5%）、10代では50%を超える利用率と、若者を中心に利用率が高まっています[3]。

 動画広告をきっかけに商品やサービスを知った人は45%

　動画広告は性別、年齢、地域など見せたいターゲットに絞って動画を配信することができるため（ターゲティング機能）、効率良く動画広告の視聴を促すことが期待できます。

　2018年にニールセンデジタル株式会社が実施した調査では、動画広告を視聴して商品・サービスを「知るきっかけになった」経験がある人が全体で45%、「好きになった」経験がある人が21%、「購入した」経験がある人が17%という結果が出ており、動画広告は視聴だけでなく、ユーザーの態度変容や購買

※2　月間6,500万ユーザーを超えたYouTube、2020年の国内利用実態──テレビでの利用も2倍に-Think with Google
　　https://www.thinkwithgoogle.com/intl/ja-jp/marketing-strategies/video/youtube-recap2020-2/

※3　総務省「令和2年度情報通信メディアの利用時間と情報行動に関する調査報告書」
　　https://www.soumu.go.jp/main_content/000765258.pdf

行動まで促していることが分かります[4]。

マーケティングにおいて動画は避けては通れない

　電通の調査によると、2023年のインターネット広告費2兆6,870億円のうち、動画広告費は6,860億円と全体の25.5%（前年23.9%）でした[5]。これは、前年比で見ても約115.9%の伸長で、**インターネット広告費全体の伸び率約108.3%を上回っています。**

▼動画広告はインターネット広告全体の25.5%（電通の発表資料をもとに作成）

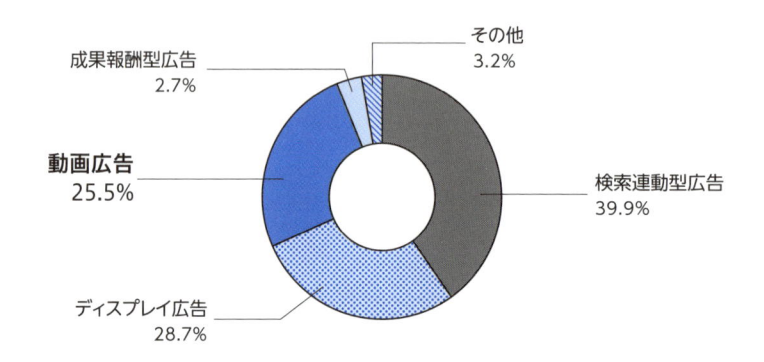

　サイバーエージェントの調査では、動画広告費は2024年に7,209億円、2027年には1兆228億円にまで拡大すると予測されています[6]。中でも**スマートフォン動画広告需要は、動画広告費全体の約8割近くを占めており、**スマートフォンの存在が動画広告市場の拡大に大きく寄与していることがわかります。

※4　有料インターネット動画の利用率は昨年から8ポイント増加し22%に　〜ニールセン 動画コンテンツと動画広告に関する視聴動向レポートを発売〜 | ニュースリリース | ニールセン デジタル株式会社
　　　https://www.netratings.co.jp/news_release/2018/04/Newsrelease20180403.html
※5　「2023年インターネット広告媒体費」解説。ビデオ（動画）広告の内訳に変化の兆し | ウェブ電通報
　　　https://dentsu-ho.com/articles/8882
※6　サイバーエージェント、2023年国内動画広告の市場調査を発表 | 株式会社サイバーエージェント
　　　https://www.cyberagent.co.jp/news/detail/id=29827

▼スマートフォン動画広告の需要が9割近くに
　（サイバーエージェントの発表資料をもとに作成）

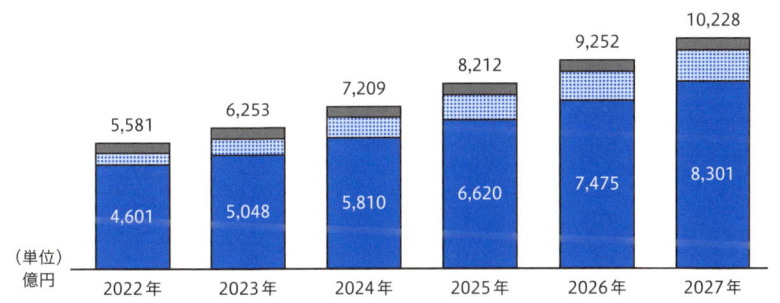

　さらに、5Gの普及により高速かつ大容量の通信が可能になり、インター
ネット動画もより高画質・低遅延になることが期待されます。このことから、
今後もますます動画広告市場が伸びることが予想されます。

　このようにマーケティングにおいて、動画は避けては通れない手法のひと
つとなっています。

動画広告とTVCMは何が違うのか？

Point!
- 動画広告はテストマーケティングに最適
- 大衆向けのTVCM、見せたい人に見せることができる動画広告
- 見るシチュエーションにも違い

▶ 短期間で多くの方に認知したいならTVCM、テストマーケティングに最適な動画広告

　動画広告とTVCMでは、さまざまな面において違いがありますここでは、企業の出稿目的やメディア特性などから違いをご説明します。

▼TVCMと動画広告の違い

	TVCM	動画広告
視聴対象者	マス（大衆）	ターゲティング（見せたい人に絞る）
動画の長さ	15秒、30秒	6秒、15秒、30秒、30秒以上など、希望に応じて調整可能
コスト	大	少額（10万円あたり）から出稿可能
掲載期間	事前に枠を買い取る	時間単位で柔軟に調整可能
出稿目的	主に認知	認知、購入など、目的に応じて使い分けることが可能
配信効果	アンケート等で調査が必要（有料）	リアルタイムに計測・確認可能（無料）※一部有料なものもあり
視聴シーン	主に自宅	主にスマートフォン（自宅・移動中等多岐にわたる）

　2021年3月の内閣府の調査によると、テレビの普及率は単身世帯では87.5％、二人以上世帯は96.2％と言われています[1]。一方でスマートフォンの普及率

※1 内閣府経済社会総合研究所 景気統計部「消費動向調査 令和3年3月実施調査結果」
https://www.esri.cao.go.jp/jp/stat/shouhi/honbun202103.pdf

は88.9%ですが、ここから動画を見る割合はさらに絞られるため、TVは最も触れている人の多いメディアと言えます。できるだけ多くの人にできるだけ早く、商品のことを知ってもらいたいと考えたとき、TVCMを出すことで効率良く認知を獲得できます。

企業が動画広告を出す目的についても見てみましょう。2023年のferretの調査によると、最も多い目的はやはり認知獲得ですが（91.7%）、ほかにもWebサイトへの誘導（50%）、購買促進（25%）など、目的は多岐にわたります[2]。ECやネットで直販する場合は、購入先が自社サイトや楽天やAmazonなどのショッピングサイトになるため、動画を見てもらいたいだけでなく、その後Webサイトに来て買ってほしい、という企業のニーズが見てとれます。

TVCMと動画広告の利用目的の違いは、媒体が提供している管理画面から動画広告の配信結果をリアルタイムに確認できることも関連しています。動画広告はどの期間に、何回見られて、何人がクリックしてWebサイトに訪れたか、そして何人が購入したかまで細かく数字で見ることができます。その上で、配信をストップするか継続するか柔軟に調整することもできます。

またコスト面についても違いがあります。TVCMが制作費や出稿費などで1回の配信に多額のコストがかかるのに対し、動画広告は少額（10万円あたり）から配信できます。タレントを起用してインパクトをつけるTVCMに対して、ユーザー投稿型のYouTubeやSNSは素人っぽさなども好まれる傾向にあり、制作も低コストで可能です。

このような点からも、短期間で多くの方から認知を得たい場合はTVCMが有効です。対して、**少額から配信でき、効果を見てリアルタイムに配信調整**

※2 動画広告の目的と効果 | ferret
　　https://ferret-plus.com/curriculums/10576

ができる動画広告は、テストマーケティングに最適と言えます。TVCM、動画広告どちらに出稿するか悩まれる方もいらっしゃいますが、まず動画広告でテストしてから、効果よければマス広告（屋外のデジタルサイネージやTVCM）に広げることをおすすめしています。

 ## 見せたい人に見せることができる動画広告

次にターゲティング機能です。動画広告の効果を高めるためには、自社の商品サービスに関心のあるユーザーに見てもらうことが重要です。関係のない人にまで配信されてしまうTVCMに対し、動画広告は性別、年齢、地域、ネットの閲覧履歴などから、関心の高い人を絞って配信することができます。

例えば、30代男性に育毛剤の動画広告を見せたいのであれば、30代男性、過去に育毛剤に関連するサイトを閲覧したことのある方をターゲティングし、動画を配信します。ターゲットが決まれば、その人の悩みやニーズが明確になります。おのずと動画で伝えるメッセージも明確になり、ターゲットにとっても関心の高い広告を作ることができます。

▼ターゲティング機能

・検索履歴
・属性
・位置情報
etc.

・男性
・30代
・会社員
・頭髪が気になる?

 育毛剤の広告が表示される!

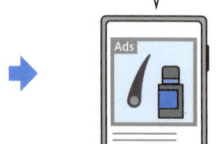

「見るシチュエーション」の違い

　主に家庭で見られる TVCM に対し、スマートフォンでの視聴が多い動画広告は自宅のベッドから通勤電車まで、見られるシチュエーションが多岐にわたります。

　電車などの公共の場では、イヤフォンをしている人を除けば音声をオフにしているケースも多く、例えば、**Facebook 動画広告では85%がサウンドオフの状態で見られているというデータ**もあります[※3]。このように、**音に頼らず視覚的に伝える前提で、テキストや表現方法に配慮する必要があることも、動画広告を実施する上では重要なポイント**です。最近ではコロナ禍の影響もあり、TV で YouTube の動画を見るケースも増えていますが、割合ではスマートフォンでの視聴が多いのため、サウンドオフでも伝わる作りの重要性は変わらないでしょう。

※3　85 percent of Facebook video is watched without sound - Digiday
　　https://digiday.com/media/silent-world-facebook-video/

 動画広告で期待できる
三つの効果

Point!
- 静止画広告と比べ動画広告の認知・購入率は約2倍
- 注視効果が静止画の14.2倍
- 情報量が多く、伝達力も高い

▶ 静止画広告と比べ動画広告の認知・購入率は約2倍

動画広告で得られる効果は主に次の三つが挙げられます。

①認知効果
②ブランディング
③販売促進

①認知効果：静止画に比べ「確かに見た」という人が1.7倍

「動画広告を確かに見た」と答えた人は「静止画広告を確かに見た」と答えた人の約1.7倍という結果が出ています。さらに、広告で訴求されている内容を覚えているユーザーの割合は、バナー広告に比べて動画広告の方が約2割多い、という結果も出ています。

②ブランディング：ブランド好感度が上がったと答えた人が静止画の約5倍

動画のない広告に比べて動画付き広告の方がブランドへの好感度を高める効果が約5倍高いことがわかっています。

③販売促進：購入率がバナー広告に比べて約2倍

広告接触後6か月以内にその商品を購入したユーザーの割合は、バナー広告に比べて動画広告の方が2倍以上高いという結果も出ています。

このように、動画広告はユーザーに与える印象が強く、高い効果を発揮します[1]。

注視効果は静止画の14.2倍。動きで惹きつけて理解を深める

動画広告は認知、ブランディング、販売促進のすべてにおいて、静止画広告よりも高い効果が出ることがデータとしても実証されています。では、動画はなぜこれほどまでに効果が高いのでしょうか？ それは動画の特性に深く関わっています。

読者の皆さんも、SNSで投稿されている動画に思わず手を止めてしまったことがないでしょうか？ 人は動いているものを本能的に注視してしまう傾向にあります。**動画は静止画に比べ、注視時間が14.2倍高いと言われています**[2]。注視は認知につながり、ユーザーの興味・関心を引くきっかけとなります。弊社の事例でも、静止画バナーのコピーに動きを付けるだけで、広告のクリック率が2～3倍高まったことがあります。

情報量が多く、伝達力も高い動画広告

動画は、静止画と異なり時間軸があります。静止画では一度には伝えきれないことを、順序立てて説明することができ、ユーザーの理解を深めること

※1 株式会社電通、株式会社ディーツー コミュニケーションズ「iPhone向け動画広告効果調査」
https://www.dentsu.co.jp/news/release/pdf-cms/2011017-0221.pdf
DoubleClick, a division of Google and Dynamic Logic「The Brand Value of Rich Media and Video Ads」
https://www.posneradv.com/wp-content/uploads/2009/06/The_Brand_Value_of_Rich_Media_and_Video_Ads.pdf
IAB, Ipsos Mendelsohn「Affluent Consumers in a Digital World」
https://www.ris.org/uploadi/editor/1314260154DigitalAffluentStudyFINAL1.pdf
※2 WireColumn: 動画広告の注視時間は、一般的サイトのバナー広告の約14倍：動画サイトのアドフォーマットの可能性 - Exchangewire Japan
https://www.exchangewire.jp/2013/10/23/wirecolumn-saito-2/

ができます。読者の皆さんも自分に関連のある動画広告を見た際、広告とわかっていながらも最後まで見てしまった、という経験が少なからずないでしょうか？ 弊社の事例ではYouTubeで15秒の動画広告を流した際、15〜30％前後の割合で動画が最後まで見られています。

動画は情報量が多くなる分ユーザーの理解も深まり、広告の内容を覚えやすくなります。アメリカの心理学者であるアルバート・メラビアンが提唱するところによれば、人間は情報を受けとる際「視覚情報55％」「聴覚情報38％」「言語情報7％」で受け取ると言われています。動画広告はこの視覚（映像）・聴覚（声や音楽）・言語（テロップ等）のすべてをカバーしており、情報の伝達力が高いと考えられます。

動画広告の主戦場はスマホ

Point!
- 動画広告はモバイルファーストで作る
- 縦型ショート動画がトレンド
- 縦型動画の完全視聴率は横長動画の約9倍

 ユーザーの約7割がスマートフォンから動画を視聴

動画広告を配信できる主要なプラットフォームにおけるデバイスごとの視聴データを見ると、約7割のユーザーがスマートフォンから視聴しています[※1]。こうした状況を鑑みて動画広告は「モバイルファースト」で作ることが重要です。

パソコンからの視聴が主流だった時代は横長（16：9）の動画が一般的でしたが、スマートフォンでは16：9の動画は横画面にしないと小さくて見にくいです。スマートフォンの縦画面での視聴に適したアスペクト比はスクエア（1：1）か縦長（9：16）です。スマートフォンを横画面にすることなくフルサイズで動画を見ることができ、その分インパクトや没入感も向上します。

 スマートフォンと相性抜群の縦型ショート動画

最近では縦型動画がトレンドになりつつあります。背景には、各プラットフォームの縦型ショート動画の導入があります。2016年に縦型動画のInstagramストーリーズが始まり、2017年にはTikTok、2021年にはInstagram

---

※1 おうち時間の広がりで動画配信サービスの利用増加と視聴デバイスの多様化が加速、全国2万人にアンケート調査を実施 | 株式会社AJAのプレスリリース
https://prtimes.jp/main/html/rd/p/000000024.000025772.html

リール、YouTube ショートなど、各プラットフォームが次々と縦型動画を開始しました。縦型動画の再生時間は年々増加傾向にあり、特に TikTok では 2021年9月にはじめて月間平均視聴時間が YouTube を超えました[2]。

TikTok では、閲覧傾向などをもとに動画が勝手にレコメンド（推薦）されます。さらにショート動画は1本あたりの動画時間が短いため、次から次へとサクサク見てしまいます。**こうしたスキマ時間の視聴との相性の良さも、縦型ショート動画がトレンドになりつつある理由の一つです。**

さらに意識しておかないといけないのが、Z世代（1996年〜2011年生まれの世代）です。今後Z世代は、企業にとって大きなコミュニケーションターゲットの一つとなっていくことが予想されます。Z世代は生まれたときからインターネット環境が普及しており、9割がスマートフォンを所有していると言われています。そんなZ世代とって縦長動画は当たり前で、Z世代が成人になる頃には、ますます縦型動画がトレンドになっていると思われます。

 ## 縦型動画の完全視聴率は横長動画の約9倍

動画広告の完全視聴率においても、横長よりも縦長の方が視聴率が高くなる例も増えてきています。アメリカの大衆紙「USA TODAY」が伝えたところによると、**縦型動画の完全視聴率は横型動画の完全視聴率の約9倍高くなったという調査データもあります**[3]。媒体特性によって最適なサイズは異なりますが、動画広告を実施する際はサイズによってパフォーマンスが変わる、という点も意識しておきましょう。

[2] TikTok reportedly overtakes YouTube in US average watch time - The Verge
https://www.theverge.com/2021/9/7/22660516/tiktok-average-watch-time-youtube-us-android-app-annie

[3] Vertical video pays off for Snapchat
https://www.usatoday.com/story/tech/2015/09/23/vertical-video-pays-off-snapchat/72661508/

第 2 章

動画広告の基本戦略

動画広告は
広告の全体設計が重要

Point!
- 全体設計が曖昧だと媒体選定や訴求内容に悪影響を及ぼす
- 全体設計は主に企画、配信設計、制作設計、検証設計の4STEP
- 企画は自社内で分析・整理する

全体設計が曖昧だと媒体選定や訴求内容に悪影響を及ぼす

　動画広告は配信する媒体やターゲティング条件により、最適な訴求や表現内容が異なります。また、媒体によって利用者の属性（年齢や性別など）も異なるため、狙いたいターゲットによって選定する媒体も変わってきます。**設計が曖昧なまま実施すると、選定する媒体や訴求内容も曖昧になり、後から動画の修正が発生したり、期待した効果が得られなくなります。**実施する際は、設計をしてから取り組むようにしましょう。

動画広告は、広告の全体設計が"キモ"

　全体設計とは、動画広告を実施する上で必要な次の四つのステップを指します。

①企画（基礎設計）
②配信設計
③制作設計
④検証設計

　各ステップの詳細は第4章で解説しますが、ここではなぜ全体設計が重要

なのかと、各ステップの要点についてお話しします。全体設計の重要性を理解しておくと、第4章における理解度が変わるので、しっかりと理解しておきましょう。

全体設計は主に4STEP

①企画（基礎設計）：施策目的、現状課題、成果指標を明確にする

まずは、施策目的と現状課題の整理、成果指標を明確にします。達成目標については「売上を上げる」のような漠然としたものではなく「目標100件の申込を達成する」というように数値化し検証できるようにしましょう。

● 決めておいたほうが良い主なポイント
- ・施策目的
- ・現状課題
- ・ゴール設計（成果指標＝KPI）
- ・ターゲット（年齢・性別だけでなく、ターゲットの悩み、心理状態まで細かく）
- ・お客様が他社ではなく自社を選ぶ理由（必要に応じてユーザー調査や競合分析）
- ・動画で伝えたいポイント
- ・クリエイティブ検証方法

整理する際は、ヒアリングシートなどを活用するのもおすすめです。本書の特典として実際に弊社が活用しているヒアリングシートをもとにしたフォーマットを提供していますので、ご活用ください（6ページ参照）。

②配信設計：広告を配信する媒体や広告メニュー、ターゲティング内容

次に行うのが、広告を配信する媒体や広告メニュー、ターゲティング条件

の決定です。配信する媒体や、広告メニューにより、広告の掲載先が異なります。またそれにより、配信される際の広告サイズやレイアウト（縦長や横長）が変わりますので、掲載先によっては制作する際のレイアウトも変える必要があります。

● **決めておいたほうが良い主なポイント**
　・配信するメディア
　・広告メニュー（広告フォーマットともいいます）
　・ターゲティング内容（性別・年齢・エリア・興味関心等）
　・広告シミュレーション

　ターゲティング内容については、細かくカテゴリー別に分かれています。各媒体の公式ページなどの情報を参考にして決めましょう。

　広告シミュレーションとは、実際に広告を配信した場合にどんな結果になるかを数値化し推定することです。これにより、かけた費用に対してどれぐらいの成果が見込めるかの目安ができます。検索すると参考になる情報が出てきますが、シミュレーション作成にはある程度の業界知識と経験が必要なことから、社内に広告運用担当者がいない場合はインターネット専門の広告代理店に依頼することも検討しましょう。

③制作設計：制作準備と制作会社の選定
　上記①②を踏まえた上で、動画制作のステップに入ります。動画は静止画と異なり時間軸があるので、秒数に応じて訴求する内容、使用する素材を決めます。配信する媒体によってはナレーションを入れた方が成果が上がりやすいものもあるので、予算内でナレーションや撮影の必要性も決めます。

● **決めておいたほうが良い主なポイント**
　・動画の企画、構成

- 表現方法（映像／アニメ／スライドショー等）
- 素材の準備（既存の素材を流用するか、新規で作るか）
- ナレーション、BGM、撮影の有無
- 制作（媒体特性に合わせて編集）
- 動画制作会社の選定

　構成は動画の設計図のベースになり、それをもとに「絵コンテ」に落とし込みます。絵コンテが完成したら実際の動画制作作業に入ります。制作予算があれば動画制作会社に動画の構成段階から依頼することもできます。

④検証設計：クリエイティブの改善方法

　最後にクリエイティブ検証方法です。動画配信後に、配信結果から動画の改善ポイントを洗い出します。動画のどのポイントを、どのような優先順位で検証していくのか、パフォーマンスの観点から設計しておきます。

　例えば、色やレイアウトといった表面の部分よりも、パフォーマンスに直結しやすい「訴求軸」の検証をまず行います。成果の高い訴求軸を明確にした後、デザインや表現内容の検証・改善を行うことで、成果の高い動画広告を作ることができます。

　このクリエイティブ検証設計をしておかないと、検証ポイントが曖昧になり、配信したものの「ここから何やるんだっけ……？」「何をどう改善すればいいの……？」となりかねません。この点は動画広告の配信実績のある広告代理店なら把握しているので、代理店に依頼する際は、動画広告の配信実績があるかどうかや、クリエイティブ検証・改善をしたことがあるかを確認してから依頼をするようにしましょう。

●決めておいたほうが良い主なポイント

- クリエイティブの改善ポイント

・改善する際のおおまかなスケジュール

　これら四つの設計をしっかりしておくことで、何のために動画をやるのか、実施後どのように成果を検証するのかが明確になります。

　まず①企画（基礎設計）は、施策目的、現状課題、成果指標を明確にします。このステップは外注できない部分なので、自社内でしっかり自社分析し、整理しましょう。②配信設計、③制作設計、④検証設計については、①企画（基礎設計）の内容をベースに、外部の会社の力も借りつつ設計しましょう。①企画（基礎設計）がしっかり設計できていれば、外部の会社とも合意が取れやすくなり、スムーズに進行することができます。必ずこの四つのステップを踏み、焦らず実施していきましょう。

広告施策における
動画の立ち位置

Point!
- 商品やブランドを決める際に動画を参考にしている人は50%以上
- 動画広告は認知から購入検討まで幅広い目的に対応
- 購入目的の場合は検索連動型広告とランディングページも用意

 ## 商品やブランドを決める際に
動画を参考にしている人は50%以上

　人々が何かを調べる際、GoogleやSNSだけではなく、YouTubeを使って「動画で調べる」という行動が増えています。Googleが発表した、日本を含むグローバルを対象とした調査資料によると**「Googleで商品を検索し、商品を購入する前に追加情報を求めてYouTubeに訪れる人の割合が55%」「商品やブランドを決める際に動画を参考にしている人は50%以上」**いるそうです[1]。2人に1人が商品購入前にYouTubeで商品やブランドに関する動画を見て、調べていることが伺えます。

　また、ネオマーケティング社の「SNSでの商品購入に関する調査」によると、SNSにおける商品購入のきっかけは1位「商品の紹介動画」が43.2%と2位「友人やフォローしている一般の方の口コミ投稿」の27.7%を大きく突き放し、動画が商品購入のきっかけとして1位になっています[2]。このように動画は「知る（認知）だけでなく、商品購入の際の情報収集として」も活用されています。

[1] YouTube広告ガイドブック
　　https://services.google.com/fh/files/misc/youtubeguidebook2020.pdf
[2] SNSでの商品購入に関する調査」〜Instagramで購入したユーザーの7割以上が"購入予定がなかった商品"を購入！Pinterestユーザーの約5割がSNS上で商品購入！〜 | 株式会社ネオマーケティングのプレスリリース
　　https://prtimes.jp/main/html/rd/p/000000287.000003149.html

第2章 動画広告の基本戦略

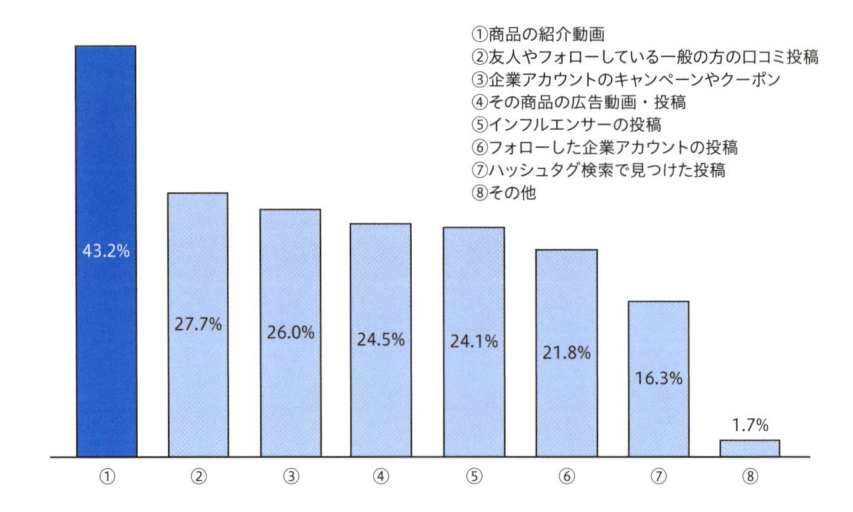

▼SNSにおける商品購入のきっかけの割合（ネオマーケティング社の発表資料をもとに作成）

①商品の紹介動画
②友人やフォローしている一般の方の口コミ投稿
③企業アカウントのキャンペーンやクーポン
④その商品の広告動画・投稿
⑤インフルエンサーの投稿
⑥フォローした企業アカウントの投稿
⑦ハッシュタグ検索で見つけた投稿
⑧その他

- ① 43.2%
- ② 27.7%
- ③ 26.0%
- ④ 24.5%
- ⑤ 24.1%
- ⑥ 21.8%
- ⑦ 16.3%
- ⑧ 1.7%

 動画広告は認知から購入検討まで幅広い目的に対応

　加えて、プラットフォームの動画広告メニューも改善が進んでおり、**認知から購入検討まで幅広い目的に合わせて配信できるようになっています。**

　一昔前までは、動画広告といえば認知目的での活用がメインでした。購入目的では費用対効果が合わず、実施を断念する広告・マーケティング担当者もいました。しかし現在では、ユーザーの行動変化やプラットフォームの進化により、認知だけでなく購入目的でも十分に成果を狙えます。メニューの詳細については、第3章で説明しています。より動画広告への理解が深まると思いますのでそちらも合わせてご覧ください。

　実際に、幅広い目的で動画広告は活用されており、各プラットフォームの公式サイトにおいても認知だけでなく購入目的で実施した成功事例も数多く公表されています。動画広告は認知、という先入観は捨て、自社の目的に合わせてトライし検証していきましょう。

購入目的の場合は、検索連動型広告と ランディングページもセットでやろう

　動画広告を見て商品に興味を持ったユーザーは「もっと詳しく知りたい」と思い、Googleなどで商品名を検索し、さらに調べます。配信ボリュームによっても前後しますが、実際、動画広告を配信すると、配信前に比べて商品名やブランド名の検索数が上昇するケースが多々あります。

　ただこのとき、自社のサイトが検索結果画面で上位に表示されておらず見つけられなかったり、サイトにアクセスしたはいいものの、色んな情報が混じっていてユーザーが求める情報に中々たどりつけなかったりすると、せっかくお金をかけて集めたユーザーを取りこぼしてしまいます。そうならないためにも、**検索連動型広告と広告専用のページ（＝ランディングページ）の用意も実施しましょう。**

　検索連動型広告とは、GoogleやYahoo! JAPANなどの検索エンジンにユーザーが検索したキーワードに連動して表示される広告のことです。商品やサービスを能動的に探しているユーザーにアプローチできるため、費用対効果が高いのが特徴です。ランディングページは、検索結果や広告などを経由して訪問者が最初にアクセスするページを指します。

　弊社のお客様の事例では、ランディングページあり・なしの状態でテストをしたところ、ランディングページありの方がコンバージョン率が2倍以上増えた例があります。なおこのとき、検索してきたユーザーを逃さないために検索連動型広告でGoogleとYahoo! JAPANの検索結果画面の上位にランディングページを表示させていましたが、検索連動型広告経由のコンバージョン数も大きく増加しました。このように、動画広告は検索数にも影響を及ぼすため、可能であれば検索連動型広告とランディングページはセットで行いましょう。

ただ、動画広告だけで商品やブランド名の検索数を増やすには、ある程度の配信数が必要となるのも事実です。

　ランディングページについても、専門の会社に依頼してしっかりしたものを作る場合は、制作費も40万円以上はかかってくることもざらにあります。「いきなりそこまで予算をかけれない……」という場合は、気にせずまずは動画広告のみ実施をしてもよいでしょう。手ごたえをつかんでからランディングページを実施するなど、まずはミニマムスタートからはじめましょう。

07 動画広告の種類と見られ方の違い

Point!
- 動画広告は「インストリーム広告」と「アウトストリーム広告」の2種に分類
- より多くのユーザーにリーチできるアウトストリーム広告
- どれからはじめればよいかわからない場合はプレロール広告がおすすめ

▶ 動画広告は「インストリーム広告」と「アウトストリーム広告」に分類される

動画広告のフォーマットにはいくつか種類があり、掲載先や配信時の見え方が異なります。目的により適した広告フォーマットや動画の作り方も異なるため、それぞれのフォーマットの違いを覚えておきましょう。

まず、動画広告は大きく「インストリーム広告」と「アウトストリーム広告」の2種に分類されます。

▼インストリーム広告とアウトストリーム広告

インストリーム広告
動画コンテンツ内で流れる動画広告

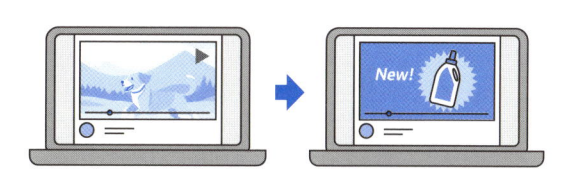

アウトストリーム広告
Web記事など、動画コンテンツ以外の広告枠から流れる広告

インストリーム広告とは、動画コンテンツ内で流れる動画広告を指します。
YouTubeで動画を見る前に、スキップボタンのついた広告を見たことがある

と思います。あれがインストリーム広告の代表例です。

　アウトストリーム広告とは、Webサイトの記事やSNS、アプリなど動画コンテンツ以外の広告枠から流れる広告のことを指します。 つまり、二つの方式の大きな違いは「イン」「アウト」という名前の通り、動画コンテンツの「中」で流れるか「外」で流れるかにあります。

▼インストリーム広告とアウトストリーム広告の違い

分類	掲載場所	取り扱いメディア
インストリーム	動画コンテンツ内	YouTubeなど
アウトストリーム	Webサイトの記事やSNSなどの広告枠	Facebook、Instagram、Xなど

 ## インストリーム広告が流れるタイミングと効果の違い

　インストリーム広告は、流れるタイミングにより「プレロール広告」、「ミッドロール広告」、「ポストロール広告」の3種にさらに分類されます。

▼プレロール広告、ミッドロール広告、ポストロール広告

プレロール広告

　動画コンテンツがはじまる前に配信されるものです。印象に残りやすいという特徴があり、インストリーム広告のうち最も主流の配信方法です。

ミッドロール広告

　動画コンテンツの再生中に配信されるものです。YouTubeで動画を見ているときに画面が切り替わり広告が流れはじめた、という経験をされた方もいるかと思います。動画コンテンツの続きを見るためには広告を見る必要があるので、プレロール、ポストロール広告に比べて動画の視聴完了率が高くなる傾向があります。

ポストロール広告

　動画コンテンツを視聴し終わった後に配信されるものです。ユーザーからすれば広告を見る必要がなく、視聴者の離脱率は高くなる傾向にあります。

より多くのユーザーにリーチできる アウトストリーム広告

アウトストリーム広告は、SNSやアプリなどさまざまな掲載面を利用できるため、より多くのユーザーにリーチすることができます。 そして、アウトストリーム広告も掲載面により「インリード広告（インフィード広告）」、「インバナー広告」、「インターステイシャル広告」の3種に分かれます。

▼インバナー広告、インリード広告、インターステイシャル広告

インバナー広告
メディアなどの
バナー広告枠に表示

インリード広告
記事やSNSなどの
コンテンツの間に表示

インターステイシャル広告
Webページ遷移の
間に表示

インバナー広告

　サイトやアプリの「バナー枠」に配信する動画広告です。パソコンでYahoo! JAPANを開いた際にトップページの右上に表示される広告が代表例です。ユーザーが広告を見ている見ていないに関わらず、表示されると自動的に動画が流れます。音声はユーザーの邪魔にならないよう、デフォルトではオフになっています。広告メニューによって異なりますが、動画をクリックしたり、動画にマウスを載せると音声が流れはじめます。

インリード広告 (インフィード広告)

　記事やフィードの間に差し込まれている動画広告のことです。Instagram、XなどのSNSのフィードで流れてくる動画広告が代表例です。スクロールをした時点ではじめて動画広告が流れるため、ユーザーの目に止まりやすいという特徴があります。また、インバナー広告に比べ広告枠も大きいことからユーザーへの視認性が非常に高く、効果的に訴求できます。

インタースティシャル広告

　ページの切り替え時に、目的のページが開く前に表示される広告です。ページの切り替え時に表示されることから「隙間広告」と呼ばれることもあります。インタースティシャル広告は、画面いっぱいに表示されるため、視認性は非常に高いですが、その分ユーザーのストレスも高い懸念があります。Googleでは2016年からインタースティシャル広告を配信するサイトの評価を下げています。一方で、新しい形式のインタースティシャル広告も登場し始めており、今後、よりストレスフリーな広告メニューが登場する可能性もあります。

　市場規模から見ると、アウトストリーム広告の中で主流となっているのは「インリード広告」です[※1]。スマートフォンの普及によりSNSやアプリなどの利用者が増えていることから、「インリード広告」は今後さらなる拡大が期待

されます。アウトストリーム広告をはじめる場合は、まずは「インリード広告」から実施するのが良いでしょう。

▼動画広告の配信形式の市場動向 (サイバーエージェントの発表資料をもとに作成)

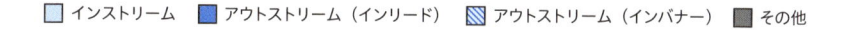
インストリーム　アウトストリーム (インリード)　アウトストリーム (インバナー)　その他

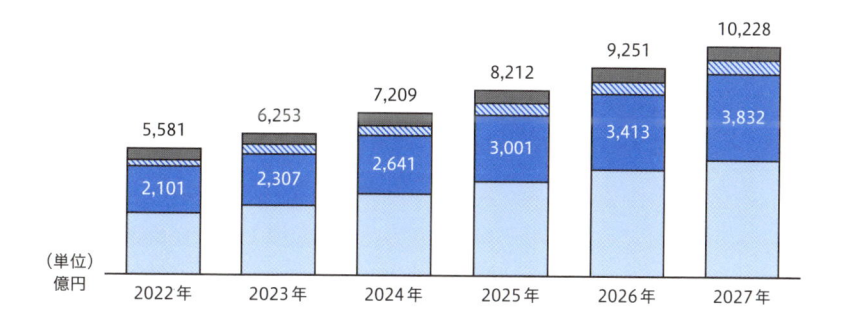

▶ どれからはじめてよいかわからない、という場合はプレロール広告がおすすめ

　インストリーム広告、アウトストリーム広告それぞれの特徴とその広告の種類について述べましたが、これだけ種類が多いと「結局どれがいいの？」と思う方もいらっしゃると思います。

　VideoNuzeの調査によるとインストリーム広告の平均動画視聴時間は16秒、アウトストリーム広告の平均動画視聴時間は20秒と、アウトストリーム広告の方が高い視聴時間を誇っています。一方で「その動画広告が記憶に残っているかどうか」というアンケートに対しては、インストリームのプレロール広告がアウトストリームに比べ2倍程記憶に残ってると回答しています[2]。

※1　サイバーエージェント、2023年国内動画広告の市場調査を発表 | 株式会社サイバーエージェント
　　https://www.cyberagent.co.jp/news/detail/id=29827
※2　IPG Media Lab |「AD FORMAT (R)EVOLUTION」
　　https://www.ipglab.com/wp-content/uploads/2017/04/Magna.IPG-Lab-YuMe-Ad-Format-Revolution.pdf

このことから、**商品やサービスの認知を高めたいときは、記憶に残りやすいという点でインストリームのプレロール広告が有効と言えます。**

　一方「動画完了率」では、ミッドロール広告がプレロール広告、ポストロール広告を抜き、96.79%という高い完了率を誇っています[3]。**動画を最後まで見てもらいたいときはミッドロール広告がおすすめです。**

　残るポストロール広告については、動画を視聴した後に配信されるため、動画コンテンツの邪魔をせず、尺を気にする必要なく挿入できるというメリットがあります。しかし前述したとおり、動画コンテンツの視聴が完了した後に流れる広告なので、ユーザーは見る理由がなく離脱してしまう傾向があり、視聴完了率が低いというデメリットがあります。以上のことから、動画広告を実施する際は、目的に合わせてプレロール、ミッドロールのいずれかではじめるのが良いでしょう。その後、費用対効果を見ながらミッドロール広告やアウトストリーム広告に広げましょう。

COLUMN　インフィード広告

余談ですが、インリード広告と似た言葉に「インフィード広告」があります。インフィード広告は、インリード動画と配信される場所は一緒ですが、配信するものが"画像"の場合インフィード、"動画"の場合インリードと呼ぶことが多いです。

---

[3] Understanding the Effectiveness of Video Ads: A Measurement Study
https://www.akamai.com/site/en/documents/research-paper/understanding-the-effectiveness-of-video-ads-a-measurement-study-technical-publication.pdf

出稿できる代表的な媒体

Point!
- 動画広告は媒体によって特性も異なる
- 試験的に運用するのであれば広告費は10万円から
- 商材特性とターゲットの相性を考慮して媒体を選ぶ

「動画広告ってどんな媒体があるの？」「選定のポイントは？」「動画広告の早見表が欲しい」など、動画広告についてこのようなお悩みを持つ方も多いのではないでしょうか。動画広告には、多くの種類が存在しており、それぞれの特性によって選定の仕方も変わります。まずは動画広告の媒体と特性を理解しておきましょう。

 動画広告を出せる媒体は複数あり、特性も異なる

ここでは料金面でも手軽に取り組みやすい以下の媒体を取り上げます。

- ・YouTube
- ・Facebook
- ・Instagram
- ・X（旧Twitter）
- ・TikTok
- ・LINE

全体像を理解した上で以降のページで述べる各媒体で利用できる広告メニューやターゲティング手法を見ていただくと、何を選べばよいか？がより具体的に理解できるようになります。

YouTube：国内最大の動画メディア

　国内約6,500万人のアクティブユーザーがいる、国内最大の動画メディアです。

　NTTドコモのモバイル社会研究所が2022年1月に行った無料動画サービス利用率調査によると、YouTubeが65.2%で1位、次いでTVerが16.4%と、圧倒的な利用率を記録しています。性別別・年代別でYouTubeの利用率を見ると、利用率は10代から30代は男女ともに約7〜8割、シニアでも男性60〜70代で5割以上、女性60〜70代で約5割が視聴していることがわかっています[※1]。**幅広い年齢層の方が利用しており、さまざまな目的に活用できます。**

Facebook：ビジネスシーンとの相性◎

　国内月間アクティブユーザー数は2,600万人（2019年7月時点）。30〜40代の割合が41%と一番多く、次に50代が16%と、若年層より30代以降の割合が高いのが特徴です。男女比は男性51%、女性49%とほぼ均等[※2]。各年代の利用率においても30代、40代が高く、まさに30〜40代にとってアクティブな媒体といえるでしょう。**実名制でビジネスパーソンの利用も多く、ビジネスシーンに関する情報との相性が良いと言われています。** 一方で、結婚や転職などライフステージにおけるイベントの報告投稿なども多く、友人間での個人的な話題等も取り扱われているため、多様な広告が受け入れやすい場とも言えます。

　広告における特徴の一つとしては、実名制でFacebookに登録されたユー

※1 【サービス】YouTube認知率96.2% 利用率6割超え：男性10代の投稿率は約2割だが全体では約4%（2022年5月23日）｜レポート｜NTTドコモ モバイル社会研究所
https://www.moba-ken.jp/project/service/20220523.html

※2 モバイル社会研究所「モバイル社会白書2021年版」
https://www.moba-ken.jp/whitepaper/wp21/pdf/wp21_all.pdf
総務省情報通信政策研究所「令和2年度情報通信メディアの利用時間と情報行動に関する調査報告書」
https://www.soumu.go.jp/main_content/000765258.pdf

ザー情報を利用した精度の高いターゲティングができる点です。コンバージョンしたユーザーや顧客リストなどをもとに、類似した傾向を持つユーザーにターゲティングできる「類似オーディエンス」機能もあり、見込みの高いユーザーにアプローチできる点は、Facebookの強みと言えるでしょう。

Instagram：ビジュアル中心のコミュニケーション

国内月間アクティブユーザー数3,300万人 (2019年6月時点)。20〜30代の割合が44％と多く、次に40代が19％と、Facebookと比べると、やや若年層（特に20代が多い）を中心に利用されています。男女比の割合は男性42％、女性58％とやや女性の方が多いです[3]。**ビジュアル中心のコミュニケーションが多いため、感性に訴える写真や動画が有効です。**広告を出す際も、広告画像内の文字数をあまり多くせず、シンプルで一目見てわかるようにするなど、Instagramの世界観を崩さないことが重要です。

X（旧Twitter）：拡散性ならSNS中 No.1

国内月間アクティブユーザー数4,500万人 (2017年10月時点)。20代の割合が24％と一番多く、次に30代が19％、3番目に40代が18％と、20代を中心に30〜40代にも幅広く利用されています。男女比は男性51％、女性49％とほぼ均等[4]。**拡散性やリアルタイム性が高く、ニュースやトレンドの情報収集に利用されることも多いです。**匿名登録制で本音の会話がうまれやすい一方、炎上リスクもあります。動画広告でもインパクトを重視し、思わず目を引く内容や、感性に訴えかけるビジュアルなどを使うと良いでしょう。

LINE：ユーザー数なら国内 No.1。LINE しか使っていないユーザーも多数

国内月間アクティブユーザー数ユーザー数9,200万人 (2022年3月末時点)と国内最大のコミュニケーションツール「LINE」。男女比で見ると、男性

※3 同2
※4 同2

46.7%、女性53.3%と、やや女性のほうが多いものの、年齢は10代〜60代以上までさまざまな年代の人が利用しています。

1日に1回以上利用するユーザーは86%（2023年6月末時点）と高い利用率を誇ります。最も少ない層（65〜69歳男性）ですら6割以上のユーザーが毎日利用しています。何よりLINEはユーザー数が多く、SNSの中でもLINEのみを使用している人の割合は全体の41.2%もおり（Xのみは2.6%）、LINEでしか接点が持てないユーザーも存在します[5]。そのため、**LINEに動画広告を出稿することで、新規ユーザーを獲得しやすい点がメリット**です。一方、他のSNSに比べて出稿できる業態が制限されており、また広告出稿するまでの審査も厳しく、数日かかってしまう場合もあります。

TikTok：縦型動画専門メディア

国内月間アクティブユーザー数950万人（2018年時点）。年代別では10〜20代で半数近い割合を占めますが、30代で12.9%、40代で12.5%と30代以上でも一定の利用者がおり、幅広い年代に利用されていることがわかります。男女比は、男性が45%、女性が55%と女性がやや多め。ダンスコンテンツが多いイメージですが、TikTokの媒体資料によると、商品開封、教育、スポーツ、ゲーム、フィットネス、ファッション等幅広いジャンルのコンテンツが投稿されていると記載されています。

TikTokの特徴は縦型動画で没入感が高く、広告においても縦型全面動画の方が横長やスクエア動画よりも効果が高いと言われています。調査会社のInsider Intelligenceによると、TikTokの年間広告収入は年々増加しており、2021年には38.8億ドル（約4900億円）から2022年は3倍の116億4000万ドル

※5 LINEのユーザーはどんな人？ - LINEキャンパス
https://campus.line.biz/line-official-account/courses/oa-user/lessons/oada-1-2-2

※6 TikTok Net Ad Revenues Worldwide, 2019-2024 (billions) | EMARKETER
https://www.insiderintelligence.com/chart/255269/tiktok-net-ad-revenues-worldwide-2019-2024-billions

（約1兆4600億円）に達すると予想されていました[6]。これはXのほぼ倍の規模になる金額です。今最も勢いのある動画メディアといえるでしょう。

　どの媒体にも共通しますが、動画広告は15秒以内と短い方が、最後まで見られやすく配信効率が高くなる傾向にあります。またどの媒体も冒頭5秒以内（媒体によっては2秒以内など若干前後）のつかみが重要になるので、制作の際は意識しておくようにしましょう。各媒体における制作のコツは、第3章で詳しく解説します。

 試験的に運用するのであれば広告費は10万円から

　広告の料金について、YouTube、LINEは媒体が定める最低出稿金額の設定はありません。Facebook、Instagram、Xの広告メニューでは1日あたりの最低出稿金額は100円、TikTokはキャンペーン単位では5,000円／日、広告セット単位では2,000円／日が最低出稿金額とされています。YouTube Adsの料金設定ページには「ほとんどの企業が、1日の予算をまず1,000円に設定してローカルキャンペーンを展開しています」と記載されていますが、運用の観点からすると、1日1,000円では配信データが少なく、あまり現実的とは言えません（1インプレッション=1円とすると、1日で1,000インプレッション、クリック換算だと20前後しか獲得できない計算）。

　各媒体共に独自のアルゴリズムで、配信結果をもとに成果が最大化されるよう自動で最適化していきますが、最適化するためにはある程度のデータが必要となります。媒体により異なりますが、**まず試験的に運用したいのであれば10万インプレッション程度は必要です。その場合、目安として広告費は最低でも10万円は用意するようにしましょう。**

動画広告は商材特性と
ターゲットとの相性を考慮して選ぶ

　各媒体のポイントをまとめると表のようになります。自社の商材がビジネスパーソン向けならFacebook、30代女性向けならInstagramなど、**商材特性とターゲットとの相性を考慮し、媒体を選定するようにしましょう**。また認知目的か購買目的かなど、目的によっても各媒体で利用できる広告メニューやターゲティング手法も変わります。この点については以降のページで詳しく解説します。

▼ **各媒体のポイント**

	YouTube	Facebook	Instagram	X	LINE	TikTok
国内アクティブユーザー数	6,900万人	2,600万人	3,300万人	4,500万人	9,200万人	950万
年齢層	年齢問わず幅広い	30〜40代が多い	20代を中心に30〜40代も利用	20〜30代が多い	全世代が利用	10〜20代が多い
男女比	ほぼ均等	ほぼ均等	やや女性が多い	ほぼ均等	やや女性が多い	やや女性が多い
特徴	様々な目的に活用できる国内最大の動画メディア	実名制でビジネスシーンとの相性◎	ビジュアル中心のコミュニケーション	「本音」の会話が生まれやすい 拡散性◎、インパクト重視	LINEでのみリーチできるユーザーも 新規ユーザーの獲得を期待	縦型動画専門
最低出稿金額	設定なし	100円	100円	100円	設定なし	キャンペーン単位では5,000円/日、広告セット単位では2,000円/日

媒体選びに迷ったらまずは YouTube からはじめてみよう

Point!
- 目的に応じて広告メニューを選択する
- YouTube の運用型動画広告メニューは主に3種類
- 配信後は必ず1週間程度様子を見る

 目的に応じて広告メニューを選択する

　動画広告を実施する上で外せないのが、やはり YouTube です。国内約6,500万人のアクティブユーザーがいる国内最大の動画メディアで、かつ利用しているユーザーの年齢層も幅広いため、必ずと言っていいほど狙いたいターゲットが存在しています。

　YouTube にはさまざまな広告の種類、いわゆる広告メニューが用意されています。**成果を出すためには、認知目的に適した広告メニュー、購買目的に適した広告メニューなど、目的に応じた広告メニューを選択することが重要です。**そのため、それぞれの広告メニューの特性を理解し、自社の目的やサービスにあったメニューを選択できるようになりましょう。

　YouTube の動画広告メニューは、大きく分けて予約型と運用型に分類できます。予約型は最低出稿金額が数百万円規模と高額で、Google の担当者やメディアレップを介してのみ出稿が可能です（Google 広告の管理画面からの出稿は不可）。一方、運用型は Google 広告の管理画面からの出稿が可能で、費用も少額から運用が可能です。本書でははじめてでも取り組めて、かつ自社で運用管理できる運用型に焦点を当て説明します。

YouTubeの運用型動画広告メニューは主に3種類

　運用型は、目的別に主に以下の三つに分類されます。いずれの場合も、配信結果からGoogleのAIがパフォーマンスの高い配信面やクリエイティブを自動で選んで、最適化してくれます（配信面は選べません）。

認知（リーチ）：動画リーチキャンペーン（VRC）
理解（視聴）：動画視聴キャンペーン（VVC）
購買：デマンドジェネレーションキャンペーン（DGC）

①動画で認知を広げたい場合：動画リーチキャンペーン（VRC）

　動画で認知を広げたい場合に、有効な広告メニューです。バンパー広告（6秒未満の動画広告）、スキップ可能なインストリーム広告、スキップ不可のインストリーム広告、インフィード広告、YouTubeショート広告を組み合わせて、予算内でリーチを最大化します。

　・目的：認知
　・尺：6秒と15秒（推奨）
　・課金形態：目標インプレッション単価（CPM）※広告表示1,000回あたりで課金

②ブランドの理解を促したい場合：動画視聴キャンペーン（VVC）

　ブランドの理解促進や想起率の向上を目指した広告メニューです。動画の再生回数を増やしたいときに使います。スキップ可能なインストリーム広告、インフィード広告、YouTubeショートを組み合わせて、予算内で動画の再生回数を最大化します。

　上述したVRCとの大きな違いは、課金形態が目標インプレッション単価で

はなく、上限広告視聴単価（CPV）で入札できる点です。目標インプレッション単価の場合は、動画が視聴されたかどうかは関係なく、広告が表示された時点でカウント1として課金されます。しかし、上限広告視聴単価の場合は、広告が表示された時点では課金されず、一定時間以上か最後まで見られた時点で課金されます。

- ・目的：認知、理解促進
- ・尺：6秒以上
- ・課金形態：VVCの場合、視聴の定義がフォーマットによって以下のように異なります
- ・スキップ可能なインストリーム広告：動画広告を30秒以上視聴した場合に課金（※30秒未満の広告の場合は最後まで視聴）
- ・インフィード広告、YouTubeショート広告：動画広告を10秒以上視聴した場合に課金（※10秒未満の広告の場合は最後まで視聴）

③ブランド・商品の購入を促したい場合：デマンドジェネレーションキャンペーン（DGC）

商品の購入を促したい場合に有効な広告メニューです。ショートを含むYouTube、Discover（Googleの検索アプリ）、Gmailを組み合わせて予算内で動画の再生回数を最大化します。動画内または動画の付近に「今すぐ購入」「詳しくはこちら」のような行動を促すフレーズを入れることができ、広告に興味を持ったユーザーをそのままサイトへ誘導できます。コンバージョンを狙う際に有効な手法です。「クリック数の最大化」でも入札ができるので、購買だけでなくサイトへのアクセス数を増やしたい場合でも活用できます。

- ・目的：購買
- ・尺：5秒以上
- ・課金形態：クリックの最大化、目標コンバージョン単価（tCPA）またはコンバージョン数の最大化

▼行動を促すフレーズ

▶ 配信後は必ず一定期間様子を見る

　上記のキャンペーンが登場するまでは、目的に合わせて広告主が広告フォーマットを指定し、配信するかたちが主流でした。近年では、広告主が一つひとつの配信面を指定するのではなく、目的に合わせてメニューを選んでおけば、あとは配信結果をもとにGoogleがパフォーマンスの高い配信面やクリエイティブを自動で最適化してくれる流れに変わってきています。

　注意点としては、最適化されるまでにはある程度の配信ボリュームと期間を必要とします。Google広告ヘルプによると、予算を目標コンバージョン単価の15倍以上に設定することが推奨されています。つまり、目標コンバージョン単価が10,000円の場合、最適化されるのに必要な予算は最低150,000円となります。その上で、最適化に要する期間は7〜8日かかると言われていますので、**必ず配信後1週間ぐらいは様子を見ましょう**。なお「コンバージョン数の最大化」入札戦略を使用する場合は、1日の予算を目標コンバージョン単価の10倍以上（1日最低100,000円の予算が最適化に必要）に設定する必要があります。この場合、最適化に要する期間は2〜3週間程かかると言われていますので、配信後2〜3週間は様子を見るようにしましょう[1]。

---

[1] コンバージョン重視で動画キャンペーンを最適化する - Google 広告 ヘルプ
　https://support.google.com/google-ads/answer/9424882

10 高精度なターゲティングが魅力のMeta広告

Point!
- ユーザーの登録情報にもとづいた高精度なターゲティング
- 広告の目標は11種類から選べる
- よく使われる人気メニューは五つ

 ## ユーザーの登録情報にもとづいた高精度なターゲティング

　動画広告の有力候補としては、YouTubeのほかにMeta広告（FacebookとInstagram）も有力候補の一つです。Facebookは国内月間アクティブユーザー数が2,600万人おり（2019年7月時点）、幅広いユーザーへアピールできるだけでなく、実名登録なのでユーザーの登録情報にもとづいた高精度なターゲティングができます。**年齢、性別、地域はもちろん、勤務先の業界や役職等の情報についても実際の登録情報にもとづいてターゲティングに活用することができます。**特に年齢については、多くのメディアでは「35～44歳」など、ある程度幅のある年代でしか指定ができない中で、Facebookは1歳刻みで指定ができるなど、非常に細かく指定できます。例えば、横浜市から半径10km圏内に住んでいる、40歳～50歳の子持ちの既婚男女で、年収上位10％以上に属しており、ダイエットに興味がある……など、かなり細かいターゲティング設定が可能です。

　Meta広告の配信先は、FacebookだけでなくInstagram、MessengerやAudience Network（Facebookが提携しているアプリやサイト。国内ではグノシーやC CHANNELなど）へ配信することができ、さまざまな配信面からアプローチが可能です。

広告の目標は合計11種類から選べる

　広告の目標についても、認知、検討・理解、購買の施策の目的に応じて、合計11種類の目的から細かく設定できます[※1]。

認知目的

　認知目的では二つの目的が選択できます。

1. ブランドの認知度アップ：商品・サービスの認知を高めたい（広告の内容を覚えてもらいたい）場合に選択
2. リーチ：できるだけ多くの人に広告を表示させたい場合に選択

　「ブランドの認知度アップ」を選択した場合は、広告の記録が残る見込みが高い人に広告が表示されます。一方「リーチ」を選択した場合は、予算内で効率よく多くの人に広告が表示されます。広告を表示させるだけでなく、覚えてもらいたいという場合は「ブランドの認知度アップ」を選択しましょう。

検討・理解目的

　検討・理解目的では六つの目的が選択できます。

1. トラフィック：動画広告からウェブサイトやアプリへのアクセスを優先する場合に選択
2. エンゲージメント：ページへの「いいね！」投稿へのリアクション・コメント・シェアを増やしたい場合に選択
3. アプリのインストール：アプリストアに誘導し、アプリのダウンロード

※1 Meta広告マネージャの広告の目的を選択する | Metaビジネスヘルプセンター
　　https://www.facebook.com/business/help/1438417719786914?id=802745156580214

を増やしたい場合に選択

4. 動画の再生数アップ：動画を見てもらいたいとき、再生数を増やしたいときに選択

5. リード獲得：商品やサービスのリードを獲得したい場合に選択。リードの方法は、フォーム送信・自動チャット・電話から選択可能

6. メッセージ：広告からのWebサイトやランディングページの離脱率を改善したい場合などに選択。Messengerへ誘導し、ページ遷移を促す前にMessenger上でユーザーとコミュニケーションを取ることができます。

　メッセージについては、例えば「どの項目に興味がありますか？」のようにユーザーに選択させ、関心を高めたり、ユーザーの疑問解消や不安を払拭することで、コンテンツを見てくれる時間が自然に伸び、結果、離脱率の改善やCVRの向上につながります。通常の広告では、広告をクリックした後、直接ウェブサイトやランディングページなど特定のページに遷移させることが多いですが、この「メッセージ」では、広告をクリックした後Messengerに誘導し、コミュニケーションを取った上で、目的のページへ誘導させる点が、他の広告とは異なる点です。

　Meta広告の課金形態では、基本的には、広告が表示されるごとに費用が発生するインプレッション課金（CPM）が採用されていますが、広告の目標に合わせて、広告がクリックされたときに費用が発生するクリック課金（CPC）や、ThruPlay（動画が15秒以上再生した場合に料金が発生。15秒以内の動画の場合は、最後まで動画を見た場合に課金対象）を選ぶことができます。そのため、認知を重視するならCPM、動画の視聴完了を重視するならThruPlay、購買重視ならCPCを選ぶなど、目的に合わせて課金形態を選びましょう。

購買目的

　検討目的では三つの目的が選択できます。

1. コンバージョン：商品の購入、資料請求、問い合わせなど、利用者に特定のアクションを促したいときに選択
2. カタログ販売：Eコマースストアのカタログの商品として掲載し、販売につなげたいときに選択
3. 来店数の増加：自社店舗の近隣にいるユーザーに宣伝し、来店を促したいときに選択

このように施策の目的に応じて広告の目標を設定することができます。達成したい目的に合わせて選ぶようにしましょう。

補足ですが、Meta広告の広告の目標については段階的にアップデートされており、最新の設定では、認知度アップ、トラフィック、エンゲージメント、リード、アプリの宣伝、売上の六つと、よりシンプルに選びやすいようにアップデートされています（従来の広告の目標についても引き続き利用可能。2023年2月時点）。

 ## よく使われる五つの人気メニューを理解する

Meta広告メニューは多岐にわたるため、ここではよく使われている五つのメニューについて解説します[2]。Meta広告のメニューではFacebookとInstagramを両方選べるめ、ここではまとめて解説します（Instagramについては次節も参照）。

1. Facebookフィード広告
2. Facebookストーリーズ広告
3. Instagramフィード広告
4. Instagramストーリーズ広告
5. Instagramリール広告

※2 Facebookフィードに配信する「認知度アップ」を目的とする動画広告の仕様 | Facebook広告ガイド
https://www.facebook.com/business/ads-guide/update/video

1. Facebook フィード

　Facebookで定番の広告メニューです。ユーザーが画像や動画を投稿しているニュースフィード上に広告を表示することができます。広告に興味がなければ、そのまま下にスクロールすれば次の投稿を見ることができるため、ユーザーへ不快感を与えづらく、ブランドイメージを損なわずに広告を出すことができます。広告配信時は、動画の上に広告テキストが表示されます。

　Facebookフィードは、友人や知り合いの投稿を見る感覚で、画像だけでなくテキストもよく読まれるため、広告においても、動画クリエイティブだけでなく、テキストでもしっかりアピールできます。また、CTA（「Call To Action」の略。日本語訳で「行動喚起」。例：詳しくはこちら、資料請求する、購入するなど、ユーザーに行動を促すボタンのこと）ボタンが動画の下に表示され、タップすると特定のウェブサイトやランディングページへ誘導できます。CTAボタンの内容は「詳しくはこちら」「登録する」「購入する」など、媒体側で用意されている定型句から、目的に応じて選びます。

　　・動画の長さ：1秒〜241分
　　・推奨アスペクト比：1：1（デスクトップまたはモバイルの場合）、または
　　　4：5（モバイルの場合のみ）

▼Facebookフィード

2. Facebook ストーリーズ

　ストーリーズは、24時間以内に消える投稿です。ニュースフィードの上部に表示されており、タップすると全画面で表示されます。横にスワイプすると次のストーリーズが見ることができ、ストーリーズの間に広告が挟み込むような形で表示されます。広告もフルスクリーン（縦長）で表示されることから没入感が高く、インパクトをもってしっかり訴求できます。また、画面を左右にスワイプすると広告をスキップできるため、フィード同様、ユーザーへ不快感を与えづらく、ブランドイメージを損なわずに広告を出せる点も魅力の一つです。

　動画下部に「詳しくはこちら」などのCTAボタンを表示することができます。下にスワイプまたはCTAボタンをタップをすると、特定のウェブサイトやランディングページへ誘導することが可能です。

- ・動画の長さ1秒〜2分
- ・推奨アスペクト比 9：16

▼Facebook ストーリーズ

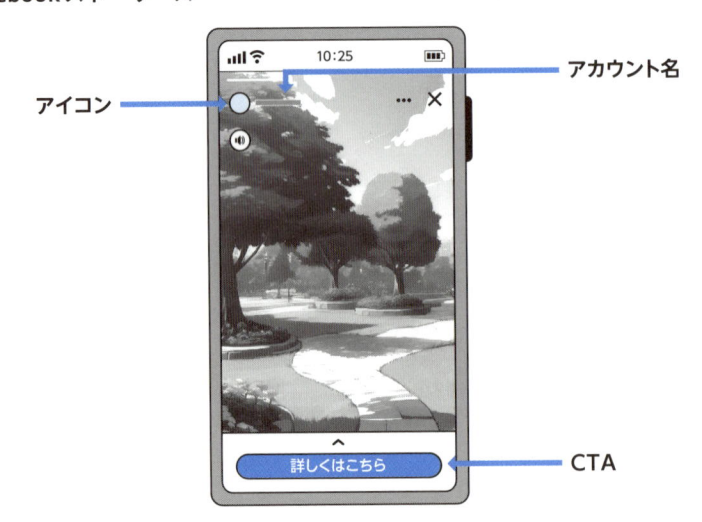

3. Instagram フィード

　Instagram で定番の広告メニューです。ユーザーが画像や動画を投稿しているニュースフィード上に広告を表示することができます。

　Facebook フィードと異なる点は、Facebook フィードは広告配信時、広告テキストが動画の上に表示されますが、Instagram は、動画の下に広告テキストが表示されます。表示される文字量も Facebook フィードは最長3行までなのに対し、Instagram フィードは最長2行までとなっており、タップすると残りのテキストがそれぞれ展開されます。

　Instagram は主に画像を共有するプラットフォームであることから、広告に関してもよりビジュアルを重視した見え方となっています。視覚的に訴えたい場合は、Instagram フィードへの出稿を検討してみるのも良いでしょう。

・動画の長さ 1秒～60秒
・推奨アスペクト比 9：16

▼Instagram フィード

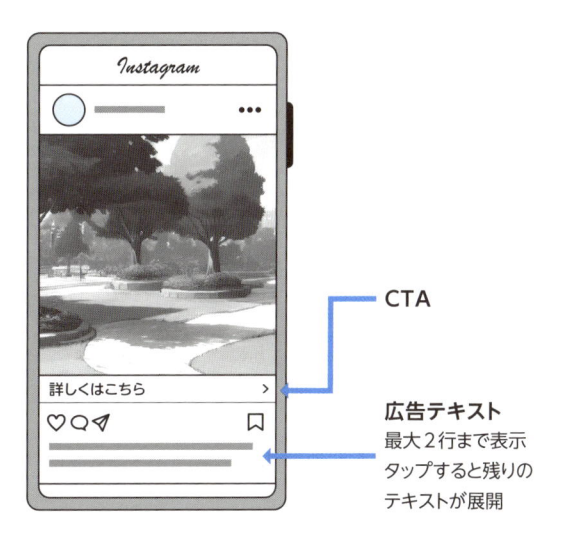

4. Instagram ストーリーズ

　ニュースフィードの上部に表示されており、タップすると全画面で表示されます。タップすると全画面表示になり、ストーリーズとストーリーズの間に広告が表示されます。Facebook ストーリーズとほぼ同じで、広告もフルスクリーン（縦長）で表示されることから没入感が高く、インパクトをもってしっかり訴求できます。

　なお、調査データによると、日本におけるデイリーアクティブアカウントの70%がInstagram ストーリーズを利用しており（2018年10月）、Instagramの中で最も見られているコンテンツとなっています（フィードは2番目）。

　　・動画の長さ 1秒〜60秒
　　・推奨アスペクト比 9：16

5. Instagram リール

　リールは、15〜60秒の縦型ショート動画です。Instagram アプリ画面の下のタスクバー中央の「リール」ボタンをタップすると見ることができます。リール広告は、リールの投稿と投稿の間に挿入されます。フルスクリーン（縦長）で表示されることから、ユーザーに商品の魅力を伝えやすい特徴があります。

　ストーリーズが動画に限らず画像も投稿できるのに対し、リールは動画に特化したコンテンツとなっていることから、より動画との相性が良く、違和感なく動画広告を配信できます。TikTok のInstagram 版とイメージしてもらえばわかりやすいかもしれません。また、広告配信時の見え方も微妙に異なっており、セーフゾーンにコピーやロゴなどの重要なクリエイティブ要素を配置しないことで、プロフィールアイコンやCTA で隠れないようにします[3]。クリエイティブを作成する際は、この点に注意して作成することがポイント

になります。

- ・動画の長さ：0秒〜15分
- ・推奨アスペクト比 9：16

▼**Instagram リールとセーフゾーン**

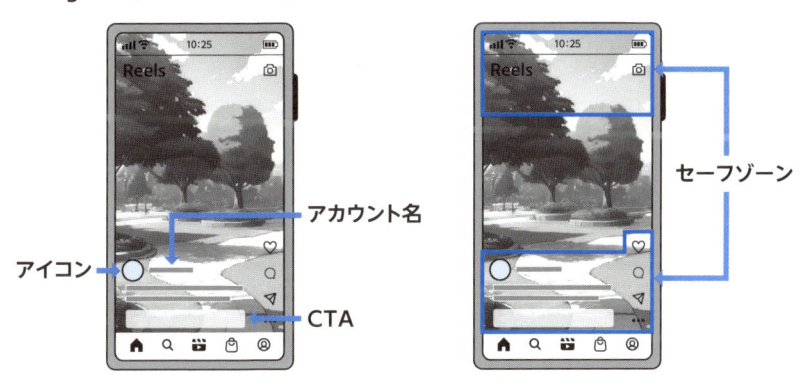

　なお、Meta広告の機械学習の仕組みとして、広告配信により収集した情報（ユーザーの反応等）や、広告を表示するターゲットや場所、時間などをさまざまに変えながら、パフォーマンスが最も高くなる組み合わせを学習します[4]。この学習観点から、最適化するためには一つの広告メニューだけでなく、まずは、すべての広告メニューに出稿することを媒体としても推奨しています。最適化された後、効果の高い広告メニューや配信面に絞り込み、配信していくことが成果を高めるポイントとなります。

　補足ですが、Meta広告は、どの「広告の目的」と広告メニューを組み合わせても問題ありません。YouTubeの場合は広告メニューによって課金形態が決められていたため、施策目的に応じて広告メニューを選択する必要があり

※3 ストーリーズ広告とリール動画の広告のテキストオーバーレイとセーフゾーンについて | Metaビジネスヘルプセンター
https://www.facebook.com/business/help/980593475366490?id=1240182842783684
※4 最適化を促進する機械学習について
https://www.facebook.com/gpa/blog/driving-optimization-with-machine-learning

ました。Meta広告の場合は、**広告の目的によって課金形態が決められているため「広告の目的」を選択した時点で選べる課金形態が決まります**。「広告の目的」選択後は、最適化の観点からすべての広告メニューで配信してみて（最低でも上述した五つのメニューは流す）、効果を見ながら絞り込んでいきましょう。

最適化に関しては、Meta公式サイトでは「7日以内に広告セットでおよそ50件の最適化イベントを獲得する」（※最適化イベント＝リンククリック、コンバージョンなど、設定内容にもとづき広告の成果をあげた回数）と安定するとされています。必要な予算の目安としては「1日の予算を、パフォーマンスの目標の平均コストの10倍以上」としています[※5、6]。

これは、例えば広告の目標を「トラフィック」で、課金形態をCPC（リンククリック）にしていた場合、CPC200円だと、1日の予算は200円 × 10 = 2,000円以上、という計算になります。予算の目安は、設定内容によって異なってきますが、一つの目安として覚えておくとよいでしょう。配信後、日々の数値が安定してきたら、最適化された状態といえます。また、クリエイティブの摩耗にも要注意です。ある検証結果では、広告表示回数が50万回を超えた時点（金額にすると大体50〜60万円）で、広告のパフォーマンスが鈍化した例もあります。商材や配信設定によっても数値は前後しますが、配信結果を見ながら、定期的にクリエイティブを差し替えるなど、摩耗対策も行っていくことも成果を上げるために重要なポイントとなります。

※5　情報収集期間の重要性について
　　https://www.facebook.com/government-nonprofits/blog/the-importance-of-the-learning-phase
※6　広告配信への最適化について | Metaビジネスヘルプセンター
　　https://www.facebook.com/business/help/355670007911605?id=561906377587030

視覚的に訴求しやすい Instagram

Point!
- ビジュアルメインで"映える"動画が見てもらいやすい
- ブランドとの関係構築に最も役立つSNS
- 女性、若年層との相性が良い

 視覚への訴求力抜群、若者は検索にも利用 Instagramの三つの特徴

Instagramは現在もユーザー数が伸びています。これからも存在感を増していくプラットフォームだと言えるでしょう。

Instagramの第1の特徴は、Instagramはビジュアルがメインの媒体のため、"映える動画"が見てもらいやすい傾向にあることです。具体的な業界を挙げるなら、美容やファッション、食品など、視覚的に訴求しやすい業界の商材やブランドとの相性がよいといえるでしょう。

第2の特徴は、**ブランドとの関係構築に役立つことです。**Metaのユーザーアンケートでは、「ブランドとの関係を構築」するSNSとして、Instagramが最もブランドとの関係構築に役立っている、という結果が出ています。

ここでいう「ブランドとの関係構築」というのは、ブランドの好感度に直結する関係性を指します。つまり、ブランドの好感度を上げるのに役立つということです。SNSのなかでも、世界観に没入しやすい媒体であることが、この背景にはあります。

第3の特徴が、**女性との相性が良いことです。**好感を抱くSNSに関して、以下の調査結果が出ています。

・女性は「Instagram」「Pinterest」への好感度が高い

・男性は「Facebook」「LinkedIn」など、ビジネス向きのSNSやアプリやへの好感度が高い

この結果から、Instagramの特徴として、とりわけ女性との相性の良いSNSだということがわかります[1]。

また、現役の学生が飲食店を探す際に、SNSのなかで一番使うのがInstagramという調査結果も存在します[2]。

他のSNSのユーザーは30代、40代の厚みがあるのに対して、Instagramのユーザーは20代が多い。つまり、若年層が多く使っているプラットフォームなのです。

そのため、若者や学生にリーチしたいときに有効活用できるプラットフォームだということも覚えておいてください。

▶ **押さえるべき鉄板から、勢いのあるメニューまで。四つの主な動画広告メニュー**

Instagramには、主に四つの動画広告メニューがあります（フィード広告、ストーリーズ、リールについては前節も参照）。

1. フィード広告

Instagramのフィード上で流れる動画広告です。最も見られやすく、もっ

※1　企業が情報発信に用いるSNS、最も好感を抱くのはX（旧Twitter）【オルグロー調査】：MarkeZine（マーケジン）
https://markezine.jp/article/detail/43471
※2　【Z世代のホンネ調査】大学生の「食べログ」利用率は13.0%。飲食店探し使うのは「Instagram」が63.5%でシェア1位。｜株式会社RECCOOのプレスリリース
https://prtimes.jp/main/html/rd/p/000000063.000033607.html

とも一般的に使われているメニューです。ここを“鉄板”として押さえるクライアントは多いです。

2. ストーリーズ

　Instagramの画面の上に並ぶ丸枠の写真を押すとストーリーズが流れます。ストーリーズを使っているInstagramユーザーはかなり多いため、インフィードに次いで、広告出稿時には押さえるべきメニューになっています。

　ストーリーズの画面は縦型のフルスクリーンなので、没入感が高く見る人に訴求がしやすいことが特徴です。また、企業目線ではなくユーザー目線で訴求ができるので、共感が得やすいという特徴もあります。

3. 発見タブ

　Instagramの画面の下に五つのボタンが並んでいます。そのなかの虫眼鏡のマークを押すと出てくるメニューが発見タブです。ユーザーの50％がこの発見タブを使っているというデータもあり、認知を促しやすいメニューだといえます。

　過去にユーザーが投稿した内容や、クリックなどのアクションをもとに、ユーザーの関心が高いと推測される広告が表示される仕組みです。

▼発見タブ

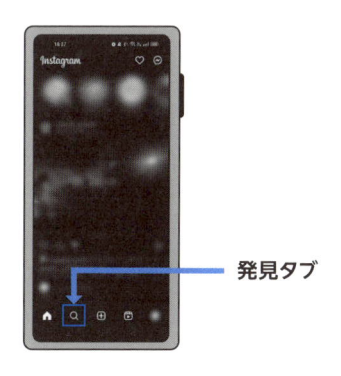

発見タブ

4. リール

いま、最も勢いのあるコンテンツフォーマットです。

Instagramのリールは、TikTok社が縦型動画で勢いを伸ばしているときに登場しました。縦型動画がユーザーに受け入れられることはストーリーズの実績でMeta社もわかっていたので、同様のコンテンツフォーマットをInstagramでも出したと思われます。

そうした思惑通り、ユーザー数も利用率も伸びています。今後、押さえておかなければいけないメニューの一つです。

ストーリーズとリールの違いを説明すると、リールは、TikTokと見え方が同じです。上から下にスライドして次の動画を見ていく仕様になっていて、動画と動画の間に、動画広告を配信します。

またTikTok同様、リールは音源を利用できるので、BGMの力で、動画に興味を持たせることができます。音源には、たとえばビートルズなどの有名楽曲も含まれます。選曲によって、動画の世界に違和感なく、するりと入っていけるのもリールの特徴です。

ストーリーズでも音源は使えるのですが、こちらは静止画のアニメーションや、静止画にテロップを入れて動画風にするなど、どちらかというと簡易的な動画が多い傾向があります。この点が、現状におけるストーリーズとリールの大きな違いになります。

四つのメニューすべてに広告を出した上で、最適化していくのがベスト

　上記で述べたとおり、Instagramの出稿では、インフィードとストーリーズが押さえておくべき2トップです。**ただ、どのメニューに出せば最も効果が出るかは、やってみなければわからない面があります。**

　現状、閲覧ユーザー数が多いのが、インフィードとストーリーズなので、これらに配信すれば、ある程度の効果は見込めるでしょう。ですが、媒体としては、まずは四つのすべてのメニューに配信し、配信結果をもとにシステム（自動で）「最適化」をしていくことを推奨しています。そのためには、動画広告の出稿前に、それぞれの画面に適した動画を用意しましょう。

　・インフィードなら4:5。これは正方形に近い、やや縦型動画です
　・ストーリーズ、リールなら9:16の縦型動画です

　動画素材を用意した上で、すべてのメニューにいったん広告を出し、どのメニューで効果が出るかを見極めていきましょう。

　なおInstagramには、データの蓄積とともに、効果の高いメニューに、より多くの予算を自動的に移していくシステムが内蔵されています。出稿した広告が、それぞれのメニューで、どのようなターゲットにどのくらいクリックされているか。そうしたデータをすべて取得していて、それをもとに、最適なメニューへと予算を自動的に集中させる仕組みがあるのです。こうしたシステムがあるからこそ、まずはすべてのメニューへの出稿を推奨しています。

　Instagramの動画には、媒体特性を踏まえた制作のコツがあります。この点については第3章で詳しくお話しします。

拡散力が魅力の X 広告

Point!
- X ならではの独特のターゲティング機能を活用する
- X で動画を出稿できる場所は主に三つ
- ポスト本文と動画の内容が連動していると効果的

▶ X ならではの独特のターゲティング機能

　X（旧 Twitter）は、拡散力の高いメディアで、新商品のローンチ、イベント告知、来店誘導、キャンペーン告知など、多くの企業からさまざまな目的で利用されています。利用者数で比較すると他の SNS より少ないですが、動画広告に対する「いいね！」や「リポスト」などユーザーの反応が増えることで、結果的に多くのユーザーの目に触れることも期待できます。

　X には独特のターゲティング機能があり、活用の仕方によっては、十分な効果を期待できます。年齢や性別のほか、ユーザーが検索したワードをキーワードとしてターゲティングする機能や、特定のキーワードをポストしたり検索したりした人をターゲティングできる「キーワードターゲティング」、指定した X アカウントのフォロワーに類似した人を対象とする「フォロワー類似オーディエンス」などは、X ならではのターゲティング機能です。例えば、競合の X アカウントのフォロワーに類似したユーザーを対象に自社サービスの広告を表示させ購買を促すことも可能です。目的に合わせた広告メニューも用意されており、成果を最大化するためには、広告メニューの特性を理解しておくことが重要です。

Xで動画を出稿できる場所は主に三つ

　Xで動画広告を出稿できる場所は主に「プロモビデオ」、「X Amplify」、「タイムラインテイクオーバー」の三つです。

プロモビデオ

　ユーザーのタイムライン上に掲載可能なもっとも一般的な動画広告です。通常のポストと同じ見え方で配信されるため、ユーザーの視覚に自然な形で入ることができます。Xで動画広告を始めるうえで、最も取り組みやすいメニューの一つです。

▼プロモビデオ

通常のポストと同じ見え方で配信されるため、ユーザーの視界に自然に入る

X Amplify

　X Amplify には、Amplify プレロールと Amplify スポンサーシップの2種類あります。

　Amplify プレロールは、プレロールという名のとおり、動画コンテンツの前に流れる動画広告のことを指します。Xには大手テレビネットワーク、主要なスポーツリーグ、報道機関などのパブリッシャーが200以上存在します。

プロが作った良質なコンテンツに動画広告を挿入できるため、ブランドイメージを重視したい広告主におすすめの広告メニューです。また、15のカテゴリーの中から自社の商品やサービスに合ったカテゴリーを選択することができ、より効果的にリーチしたいターゲットへ広告メッセージを届けられます。

▼ X Amplify プレロール

動画コンテンツの
冒頭で配信

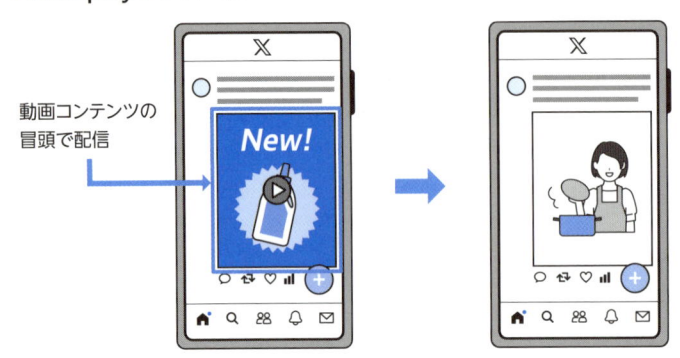

　Amplify スポンサーシップは、1社のパブリッシャーと提携し動画広告を流す広告メニューです。上述したプレロールでは、選択した複数のパブリッシャーの動画コンテンツから動画広告が配信されるのに対し、スポンサーシップでは、指定したパブリッシャーの動画コンテンツから動画広告を配信することが可能です。自社の商品やサービスとより関連性の高いパブリッシャーを選ぶことで、宣伝効果を高めることができます。

タイムラインテイクオーバー

　タイムラインのトップに表示される動画広告です。1日1社、24時間限定の広告メニューです。

　配信日にXにアクセスしたすべてのユーザーに対して広告が配信されるため、短期間で大規模なリーチを獲得できます。新商品のローンチや話題作りなど瞬間的にリーチを獲得したい場合に有効ですが、その分だけ非常に高額なメニューとなっています。

▼Xに出稿できる動画広告の種類

種類	概要	課金形態
プロモビデオ	ユーザーのタイムライン上に掲載可能 最も一般的な動画広告	CPMまたはCPV
X Amplify	Xに投稿されている動画コンテンツの冒頭で流れる	CPMまたはCPV
タイムライン テイクオーバー	タイムラインのトップに表示される 1日1社、24時間限定の広告メニュー	1日800万円〜 ※条件により異なる

ポスト本文と動画の内容が連動していると効果的

Xはもともと「つぶやく」メディアとも言われていたこともあり、ユーザー同士のテキストによるコミュニケーションも盛んに行われています。そのため、Xを利用しているユーザーはポスト本文の文字情報もしっかり見ています。こうした特性を活かし、ポスト本文で興味を引き、続きを動画で見せることで、動画の視聴をうまく促すこともできます。

Xではポスト本文のテキストも効果に大きく影響します。**Xで動画広告を実施する場合はテキストと動画の内容にも連動性を持たせることも意識し、効果を高めていきましょう。**

▼ポスト本文と連動させる

Xではテキストも読まれやすいため、動画を見たくなるよう工夫して、視聴を促すことが重要

ほかではリーチできない
層にも届く LINE

Point!
- 圧倒的なリーチ力が LINE の強み
- LINE 動画広告の主な配信面は三つ
- まずは 1：1 のスクエアサイズの動画を作るのがおすすめ

 圧倒的なリーチ力！
LINE のみを利用しているユーザーが 40.6%

　LINE の最大の強みは、日本での日常的なコミュニケーションツールとして幅広く利用されている点です。チャットや無料通話、さらにはニュースの閲覧やお店の公式アカウントのフォローなど、LINE はアプリ内で多くの機能を提供しています。

　そんな LINE の特徴は何といっても、圧倒的なリーチ力です。LINE は日常的に利用され、機能も多岐にわたります。結果、LINE 内でのユーザーの活動範囲は広く、広告への接触機会もほかの SNS と比べても秀でています。2022 年 7 月に調査したデータによると、LINE のみを利用しているユーザーは 41.2％にものぼります（40 ページ参照）。YouTube やほかの SNS ではリーチできない層にも LINE でならばアプローチすることが可能です。

初めての LINE 動画広告ならここから！
おさえておきたい三つの配信面

　LINE には複数の配信面がありますが、主な配信面は「トーク」「ニュース」「VOOM」の三つです。

トーク

　LINEの友だちや公式アカウントのトークリストが表示される画面で、上部に広告が表示されます。日常的なコミュニケーションの中心であり、LINEの配信面の中でも最もユーザーとの広告接触が最も多くなっています。広告の視認性が非常に高く、短いメッセージ形式の広告がユーザーに届きやすいです。

ニュース

　ニュース画面では速報や様々な特集記事が配信されています。月間利用者数は7,700万人以上です（2021年8月時点）[1]。速いサイクルで情報が更新されるため、インパクトが求められます。

VOOM

　VOOM画面では縦型動画が流れます。月間利用者数は6,800万人以上です（2019年8月時点）[2]。VOOMではユーザーが興味にしたがって情報を得ており、動画広告はカルーセル広告（横にスライドする形式の広告）などとともに視覚的に強い影響力を持ちます。

 作るならまずは1：1のスクエアサイズがおすすめ

視覚効果を高める1:1動画フォーマットの活用

　LINEは配信面により動画広告の表示サイズが異なります。しかし動画フォーマットの中でも、1：1サイズフォーマットは視認性が高く、多くの配

※1　LINE広告の配信面一覧 主要なターゲットとユーザー数を紹介
　　 https://www.lycbiz.com/jp/service/line-ads/media/
※2　同1。

信面で効果的に使用されています。まずテスト的に実施をするなら、汎用性の高い1：1のスクエアサイズを作ると良いでしょう。

また前述したように、LINEではトーク画面におけるユーザーとの広告接触が非常に多く、トークリスト面での動画配信はとてもおすすめです。なおトークリスト面では、他の配信面と異なり、広告文の画面占有率が大きいため、広告文のタイトルも成果に大きく影響します。"【】"を使った強調表現やユーザーの感情に訴えかける内容はエンゲージメントを向上させる効果があると言われていますので、積極的に広告文に取り入れるようにしましょう（具体的な制作のコツは第3章で解説します）。

40コンバージョン効果獲得を目指す

LINE公式サイトの情報によると、目安として30日間で40コンバージョンが蓄積されると機械学習が開始され、自動入札の最適化の精度がより高くなるとされています[3]。

もし40コンバージョンの獲得が難しそうであれば、成果地点をコンバージョンではなく「クリック数の最大化」に設定し、最適化を進めるのも有効です。最適化した情報をもとにクリエイティブの改善・入れ替えを試みましょう。

最低出稿金額と柔軟な予算設定

LINE広告は100円から配信が可能です。ただし、予算が少なければ広告枠を獲得しにくくなってしまいます。ある程度効果を出したい場合は、最低でも30万円ほどの予算を用意することをおすすめします。

※3 効果を上げるポイント3（入札）- LINEキャンパス
https://campus.line.biz/line-ads/courses/improvement/lessons/da-3-1-4

14 衝動買いを促したいならTikTok

Point!
- もはや若者中心、ダンス中心、ではない
- 無目的で見るから、計画外・衝動買いを誘いやすい
- 広告はオークション型が主流。配信期間は10日間を一つの目安に

 ## TikTokの四つの特徴

1. 若者だけでなく30代～40代も使っている

TikTokのユーザー層は、40ページですでに触れたとおり、実は若者だけではありません。サービス開始当初は若者のイメージが強いプラットフォームでしたが、現在は30～40代もしっかり使っているので、幅広い層へのリーチが可能です。

2. 無目的でエンタメ性が高い

ユーザーの利用傾向としては、情報収集というよりも、目的なく見ている人が多いです。たとえばYouTubeだと、ドラマの解説を見るとか、レシピを学ぶなど、何かしら視聴目的があるケースが一般的です。そのため検索機能がよく使われます。

対してTikTokは、検索画面はあるもののあまり使われず、アプリを開くとすぐに動画が始まる仕様になっています。

いわば無目的で使われ、エンタメ性が高いプラットフォームがTikTokです。世界観としても自由でカジュアル。そのため、ユーザーがリラックスしている状態で動画に接触するケースが多いことが特徴として挙げられます。

3. 短尺でフル画面のため最後まで見てしまう

　媒体の特徴としては動画が短尺なので、飽きずに見ることできます。ユーザーは、一つの動画を見終わるとスライドして次の動画、次の動画と、どんどん続けて見ていく傾向にあります。

　また、画面は縦型フル画面なので、没入感が高くなります。そしてインスタグラムのリールと同様、音声が付いているので、音と共に動画の世界に飛び込みやすくもなります。

　2022年あたりを境にTikTokの利用時間はYouTubeを越えました。これまで述べてきたように動画を見やすい設計になっているTikTokは、動画との相性が抜群のプラットフォームといえるでしょう。

　上記を裏付けるデータがあります。バイトダンス社の調べによると、「つい広告動画を最後まで見てしまう」SNSは何かという質問に対し**TikTokという答えが最も多かった**という結果が出ています。

4. 興味から購入まで一気にズドン。計画外・衝動買いを誘いやすい

　TikTokは他のSNSと比べて、計画外・衝動買いの購入が多い点も、注目すべきポイントです。動画を見て「思わず衝動買いをしてしまった」とか、「興味はなかったのに動画を見たら欲しくなった」という行動がTikTokでは起きやすいのです。この点も、TikTokの大きな強みといえるでしょう。

　以上の4点が主な特徴になります。

　TikTokといえばダンス動画、と思っている読者の方もいらっしゃるかもしれません。もちろんダンス動画は現在も人気ですが、コンテンツは多岐にわたり、時事・経済ニュース、ファッション、メイク、映画＆ドラマ、料理＆

グルメ、マンガ＆アニメ……と、様々な分野を網羅しています。

　私も、目的があるときはYouTubeを使うことが多いですが、夜寝る前など、リラックスしてぼんやり動画を眺めたいときは、TikTokを見ることが多いです。

昔15秒→今3分。どんどん長くなっているTikTok

　すでにご存じの方が多いと思いますが、TikTokが戦略的に動画のフォーマットを変化させていることも注目すべき点の一つです。具体的には動画の尺を伸ばしていて、最初は短尺の15秒で始まりましたが、その後60秒に伸ばし、**最近は3分の動画の投稿が可能になりました。**

　投稿できる動画を長尺化することで、YouTubeをメインに活動しているクリエイターを、戦略的に取り込みにきています。現状は、YouTube専門のクリエイター、あるいはTikTok専門のクリエイターがいるというよりは、どちらにも共存しているクリエイターも多く存在しています。TikTokでショート動画を見せて興味を引き、YouTubeでロングの動画を見せる、という具合にです。TikTokが長尺化することで、TikTokで動画を完結させるクリエイターも、今後増えてくると思われます。

主流はオークション型広告

　TikTokの広告メニューには、**オークション型（運用型）と、リザベーション型（予約型）の二つがあります。**トレンドとしては、オークション型が主流です。

　オークション型の仕組みとしては、広告主がクリック単価を決めます。ワ

ンクリックされたら TikTok にいくら払うかを決めるということです。

　たとえば A 社が 100 円、B 社が 150 円だった場合、150 円の B 社の動画広告のほうが、A 社の動画広告よりも露出されるような仕組みになっています。よって、オークション型という名前が付いています。

　オークション型の特徴は、1 日 5000 円からの出稿が可能なこと。また、広告を止めたければ、いつでも止めることができることです。

　TikTok に限らず、インターネット広告（Google や Yahoo! に出す広告）はすべてこのオークション型が主流になっています。

　ちなみに予約型は、大きな予算を持っているクライアントが、短期間で大規模な認知を広げたいというニーズに向けたメニューになります。予算は最低 500 万円からで、1000 万円を超えることも珍しくありません。

　本書は主に、動画広告を初めて出す方や、これから動画広告を出そうと検討している方に向けて書いています。詳しく説明をするのはオークション型のみとします。

出稿までの操作や準備がシンプル

　TikTok のオークション型広告を出稿する際は、まずプロモーションの目的を管理画面で選びます。選択肢は以下の六つです。

　　・リーチ数を増やす
　　・動画視聴を増やす
　　・プロフィール訪問を増やす／フォロワーを増やす

・トラフィック数を増やす

・アプリインストール数を増やす

・Webサイトのコンバージョン数を増やす

　目的を選ぶだけで、その目的に合わせて、効率よく配信ができる仕組みになっています。Instagramに比べて非常にシンプルな仕組みで、年齢問わず、使いやすいと思います。

　また準備する動画も、縦型（9：16）だけでOKです。Instagramの場合はフォーマットが複数あり、フォーマットによって画面の大きさが違うため、動画を複数用意する必要がありました。TikTokは一つです。

　このように出稿まで操作や準備がシンプルだという強みがあります。ただし、現状では広告の出稿先として広告主のニーズが高いのは、高い順にYouTube、Meta（Instagram、Facebook）、GoogleやYahoo!、X、次にTikTokとなっています。この背景には、TikTok社の単価が他の媒体に比べて高いため、代理店が広告主に、動画広告の出稿先としてTikTokを積極的に提案していないという事情があります。

　とはいえ、先ほど述べたようにTikTokはシンプルです。この点を利用し、Instagram広告用に作った縦型動画の素材を流用して、TikTokでも広告を出してみようというケースも増えています（制作のコツに関しては、第3章で詳しく説明します）。

配信期間は10日間を一つの目安に

　すでに説明した通り、TikTokのオークション広告（運用型広告）は、最低出稿金額が1日5,000円からと決まっています。

なお、TikTokの公式ヘルプによると、最適化の観点から、コンバージョン件数50件に達したかどうか？が、学習期間を終える一つの目安とされています。コンバージョン単価が5,000円の商材なら、5,000円×50件＝250,000円の広告費が必要な目安になります。

　またさらに、TikTokの公式ヘルプでは、配信開始後10日間で20件以上のコンバージョンに達することが難しい場合、その広告セットは学習期間を終了できない可能性が高いと見なされ、その場合、広告主はクリエイティブの最適化やターゲット層の拡大、予算増額や入札価格の増加を行い、再度広告を配信されることを推奨します、としています。10日間経ってもコンバージョンが20件に達しない場合は、設定内容の見直しを検討するようにしましょう。

 DOOHを利用したさらなる認知拡大

Point!
- 街中や電車での動画広告（OOH）が拡大中
- 高額だが、計測や詳細ターゲティングが可能
- 音声オフを前提にクリエイティブを微調整

 OOHは動画広告と相性抜群！ だが、高額などの課題も

　昨今、動画広告はインターネット上だけでなく、私たちの日常生活の様々なシーンへと配信の場を広げています。今後、さらなる拡大が予想されるOOHについて、説明しておきたいと思います。

　OOHとは「Out of Home」の略です。街中の街頭ビジョンや電車内のデジタルサイネージなどの交通広告、タクシーに乗ると表示されるモニター、施設内のモニターなど、家庭以外の場所で展開するメディアの総称のことを指します。

　OOHは非常に多くの人の目に触れるため、高い認知効果が期待できる点が特徴です。また、メディアによっては美容院の中やエレベーターの中など、"待ち時間"をうまく利用して配信できるため見てもらいやすく、動画との相性も非常に良いです。

　一方で課題もあります。デジタルの運用型広告と比べると、リアルタイムかつ明確なクリック数や視聴数を計測できません。そのため検証がしづらく、実際の反響は別途調査が必要になります。さらに、基本的には広告枠を買い取ることから（この場所を1週間いくらで、など）、掲載費は固定費になり、ある程度高額な費用負担が必要になります。デジタルの運用型広告のように

少額から始めて、効果を見てダメなら止める、といったリアルタイムな運用・調整ができない点はネックです。

このように課題はありつつも、最近ではテクノロジーの進化もあり、全国のデジタルサイネージをネットワーク化し、掲載期間・配信量をコントロールできる運用型のプラットフォームが登場しています。

また出稿費用に関しても、デジタル化によってより柔軟にトライできる環境が整ってきています。携帯の位置情報を活用して測定した広告視認者数に対して課金するメニューがその一例です。広告視認数は、たとえばモニター前に立った人数をカウントする方法で計測します。

こうしたデジタル計測ができるメディアはDOOH＝デジタルOOHと呼ばれています。最近ではDOOHが主流になりつつあります。

現状、LIVE BOARD（電通とドコモが共同出資するDOOHサービス）のWebサイト上で発表されている潜在的な広告視認数は、全国で8億4300万インプレッションです（2024年8月時点）。これは全国に6万4000以上ある配信スクリーンの前を行き来するのべ人数ということです（ちなみにスマホの位置情報をオンにしている人のみが計測されるので、位置情報をオフにしている人を含めないでこの数字ということになります）。

OOHの広告費用の目安

OOHの広告費用の目安は、25万円〜1,500万円とサービス提供事業者によっても幅があり、エリア・期間によっても大きく変わります。エレベーター内のデジタルサイネージであれば、25万円から出稿できるものもあります。とはいえ、一般にデジタルサイネージは高額です。

交通サイネージは路線によって費用が大きく異なり、埼京線であれば55万円程度です。交通サイネージが用意されている東京近郊の全11路線に出稿する場合には480万円程度かかります（いずれも15秒の動画を1週間放送する場合）[1]。タクシー広告はビジネスマンがよく見るため、BTOB商材を扱う企業にも人気がありますが、予算は100万〜180万円程度必要です。

　前述のLIVE BOARDであればの最低出稿金額は100万円以上かかり、また配信後の効果測定費用（調査）も別途かかります（500万円程度）。ある程度高額な費用がかかることから、デジタルである程度知見をためてから、勝ちパターンのクリエイティブで勝負するなど、段階を踏んでOOHをはじめることが無難と言えます。

OOH用動画広告におけるクリエイティブ制作時の注意点

　OOHで配信する動画作成時の注意点を以下に説明します。インターネットやSNS用に作成したクリエイティブをそのまま使うことができないパターンもあるので、注意しましょう。

音声オフにも対応しよう

　街中や電車の中など、「音声オフ」で見るケースもあるため、OOH用に動画を再編集する必要があります。要点をテロップで表示するなど、音声が流れなくても理解できる作りにしておきましょう。

検索文言およびQR等でユーザーアクションを促そう

　インターネット広告のように動画の最後に「詳しくはこちらへ」と表示して、クリックを促すことはできません。こうしたクリエイティブを載せてい

※1　電車サイネージ広告の料金を解説｜種類や特徴、掲出のポイントもご紹介
　　 https://online-soudan.jeki.co.jp/information/blog/ooh_advertising/sharyo-kiso-signage/

た場合は、検索してほしい商品名や店舗名に変えたり、QRコードでスマホからサイトに誘引したりするなど、微調整が必要になります。

COLUMN 人気のタクシー動画広告のターゲティング

タクシーに乗ると、後ろの乗車席の前にディスプレイが設置されていて、そこに広告が流れるのを見たことがあるかたは多いと思います。タクシー広告を販売する会社では、「GO」などの配車アプリのデータを活用して、乗車したユーザーに向けた動画を流すようになっています。

最近はタクシー不足も手伝って、配車アプリでタクシーを呼ぶ人が増えました。アプリで予約や決済も可能です。このアプリを使用するには会員登録が必要なので、会員の情報がデータベースとしてたまっていきます。具体的には年齢、年収、役職、住環境、趣味など、こうしたデータを用いて利用者ごとのターゲティングをします。一部上場企業の部長が乗車したからこの広告を流す、20代女性が乗車したらこの広告を流す、というターゲティングを行っているのです。

同じようなことが、ゴルフのカートに搭載されているモニターでも行われています。このモニターもネットワークされていて、ユーザー（ゴルフ場のお客さん）に向けたターゲティングがされています。ユーザーの情報があれば、このように細分化したターゲティング広告が可能な時代になっているのです。

重要なのは
自分ゴト化と共感

Point!
- 「機能」よりも「ストーリー」で売る時代
- 動画広告だから「自分ゴト」できる
- あなたのための広告であることを示す

「機能」から「ストーリー」へ 共感が求められる背景にあるもの

マーケティングの世界ではずいぶん前から言われていることですが、人々の消費行動は「モノ」から「コト」へ変化しています。モノを「所有」することに価値を置いていた消費から、商品やサービスを購入することで得られるコト（「体験」や「経験」）を重視する消費へと変わっているのです。

この変化によって、昔のように商品の機能だけを売る時代は終わりました。**いまは商品の背景にあるストーリーや、商品を作ったブランドの考え方や思想、あるいは世界観をユーザーに共感してもらうことが、売れ行きを左右する重要な要素となってきているのです。**「機能」から「ストーリー」へ、と言ってもいいかもしれません。動画広告においても、この変化を認識しておくことは極めて重要です。

ユーザー側の価値観も変化しています。社会の多様性や自然環境により配慮した会社やブランドの商品を買いたい、と考えるユーザーは増えています。そうしたユーザーに共感してもらい、会社やブランドのファンになってもらうことで、モノが売れる時代になっています。

消費行動がモノからコトへ変化したことで、実際に体験してもらうことで、ユーザーの購買意欲を高める効果が期待できます。

どのように体験してもらうかは商材によっても異なりますが、たとえば化粧品などモノがある場合は、サンプルを配って実際に試してもらうことで、本購入に結びつけようとするケースが多いです。

　インターネット上のサービスやシステムでも、体験は有効です。たとえば3か月程度の無料期間を設けて、まずは無料で使ってもらうケースがよく見られます。体験してもらうことで、ユーザーに理解を深めてもらい、購入に結びつきやすくなるのです。

 動画広告だからできる「自分ゴト化」

　共感や体験は比較的わかりやすいと思います。では次に、「自分ゴト化」とは何かを説明していきましょう。

　動画広告は、インターネット上で展開する広告です。インターネットとテレビの違いを挙げるならば、もちろんいろいろありますが、大きな点は、テレビがマスを対象としているのに対し、インターネットはユーザーの行動履歴から年齢や性別などの属性をターゲティングができる点です。

　インターネットはターゲティングできる媒体である。だからこそ、その特性を最大限活かすために、広告を「自分ゴト化」することが重要になるのです。

70万回再生「自分ゴト化」と「共感」の成功事例

　実際に「自分ゴト化」に成功した動画広告事例を紹介しましょう。

寝具会社の事例

　一つ目はある寝具会社（以下、A社）の事例です。A社はベッドマットレスの販売にあたり、有名なスポーツ選手を起用したTVCMを当時配信していました。その成果もあって、A社の認知度調査によれば、アンケート回答者の約7割の方がA社の存在のことは知っている、という結果が出ていました。しかし同時に、A社がベッドマットレスを販売しているということは知られていなかった、という結果も出ていました。社名の認知は広まったものの、ベッドマットレスを売っているという認知が浸透してなかったのです。そこで、より「ベッドマットレスを販売している」という認知を広めるために、ターゲットを絞って配信ができるWeb動画広告を作ることになったのです。

　上記の背景から、Web上に展開する動画広告は、TVCMとはまったく異なるものにしました。テレビCMは国民的スポーツ選手が登場し、ベットマットレスを紹介します。マスに向けての広告ということで、A社を知っている人にも知らない人にも向けた作りになっています。また美しいピアノ音楽を使っており、ゆったりと本題（＝ベットマットレス）に入っていく世界観でした。

　一方Web動画は、よりターゲットを絞り、「A社をすでに知っている人」に向けた内容にしました。まず、YouTubeで流す動画だったので、強制的に見てもらえる最初の5秒が肝心です。最初の5秒で「A社」および「ベットマットレス」という言葉をテンポよく出し、興味を引く作りにしました。そのあと、商品の詳しい説明に入っていくという流れになっています。

テレビCMではマスに向けてゆったりとした世界観を表現していました。対してWeb動画では、A社やマットレスに興味のある人に「自分ゴト化」してもらうために、A社やベッドマットレスの名前を出しながら、冒頭でこれはあなたのための広告ですよ、というメッセージを明確に送っています。動画広告をユーザーのアクションにつなげるためには、「自分ゴト化」していくことが大切である、ということを示す事例です。

大手スーパーの事例

もう一つ、大手スーパー（以下、B社）の事例を紹介します。こちらは「自分ゴト化」に加え、見た人に「共感」を抱いてもらう点でも成功した事例です。

当時、B社は50代、60代の客層が多く、30代、40代の主婦層を増やしたいという希望を持っていました。そのため、テレビではなくYouTubeに広告を出すことになり、弊社が動画制作を担当することになりました。動画広告の具体的なKPIは、公式YouTubeのチャンネル登録者数を増やすことでした。

そうした要望を踏まえ、我々はWebドラマを作ることにしました。主人公は共働きで、充実しつつも子育てにも仕事にも忙しい、30代の女性です。そんな頑張ってるお母さんに対して子どもが手紙を書くなど、見ている人をほろりとさせるような内容としました。

このドラマを月に1本、1年間で11本放送したところ、合計で約70万回再生されました。広告での露出は最低限とし、主にB社のホームページやSNSから投稿しただけにもかかわらず、これだけ再生回数が伸びたということは、視聴者であるお母さんたちが共感して見てくれたことが主な要因だと捉えています。実際、YouTubeのコメント欄には「泣ける」など、視聴者からの投稿も数多くありました

ちなみに同時期に、別の大手広告代理店も同じくB社の動画広告を作成し

ていました。そちらは通販型の動画でしたが、再生回数は約15万回でした。単純な比較はできませんが、チャンネルの注目度を上げるためにより多く再生してもらうという点では、十分に成功しているといえるでしょう。クライアントのターゲットとなる層を主人公にし（＝「自分ゴト化」してもらう）、ストーリーのあるドラマにしたこと（＝共感してもらう）が、成功に結び付いた事例です。

　共感を得るためには、モノやサービスの"背景"を伝える必要があります。なぜ会社がこうしたサービスをやっているのか、こういうものを作っているのか——**そうした背景を伝えるのに向いたフォーマットがストーリーであり、ストーリーを伝えるのに、動画という媒体は非常に適しているのです。**

動画広告は
間接効果も重要

Point!
- 動画広告には「直接効果」と「間接効果」がある
- 動画広告では「間接効果」を評価することが重要
- 間接効果をアンケートで測定しつつ、中長期的な判断をする

 ## ネット上の挙動として現れる直接効果と、現れない間接動画

動画広告の効果には「直接効果」と「間接効果」があります。直接効果とは、動画のインプレッション、クリック数、コンバージョンなどを指します。言い換えれば、インターネット上での挙動として現れる効果です。

間接効果とは、動画を見た時点では何のアクションをしなかったけれども、動画を見終わったあとに思い出して、GoogleやYahoo!で検索をし、ホームページを見に行く……といった行動による効果のことです。サーチリフト、リフトアップといったいい方もします。

間接効果は、インターネット上での行動に限りません。動画を見終わったあと外出し、動画広告の商品が売っている店舗に入る、といった行動も間接効果に含まれます。動画をいったん離れてから起きる挙動すべてが、間接効果の対象になります。

 ## 間接効果を評価することが動画広告では重要

動画広告においては、「間接効果」を評価することが重要になります。なぜなら、動画広告は、直接効果だけを見ると、効率が悪いと捉えられることがあるからです。

動画広告では、リスティングやバナーと比べるとCPA（顧客獲得単価）が高く出るケースは珍しくありません。たとえば静止画バナーではコンバージョンが1件500円で取れたのに、動画では1件1000円かかってしまった、ということが往々にしてあるのです。ですから直接効果だけを評価していると、動画広告は効率が悪い、となりがちです。

　しかし、直接効果だけで、動画広告全体の効果を計ることはできません。というのは動画ユーザーは情報に接する時間が長く、そこで取得する情報量も多いため、ユーザーの理解が深まりやすく、興味を持ちやすいという特性があるからです。こうした特性は間接効果として現れやすく、ゆえに間接効果に注目する必要があります。

間接効果の測定方法

　ユーザーが動画から離れたあとに、商品名やブランド名がどれだけ検索されたかを計測することができます。「サーチリフト調査」という方法です。

　サーチリフト調査は、動画広告出稿によって特定のキーワードやブランド名の検索数がどの程度増加するかを測定する手法です。サーチリフト調査の方法は、大きく分けて二つあります。

　一つ目は、Googleが無料で提供している分析ツール・GoogleアナリティクスのSearch Console（サーチコンソール）を使って、自然検索のデータを確認する方法です。自然検索（別名オーガニック検索）とは、検索エンジン（Google、Yahoo!など）でユーザーがキーワードを入力した際、広告以外で表示される検索結果のことを指します。Googleアナリティクスでは、どの検索キーワードで何回検索があったか？を時系列で調べることができます。

▼ Google アナリティクス

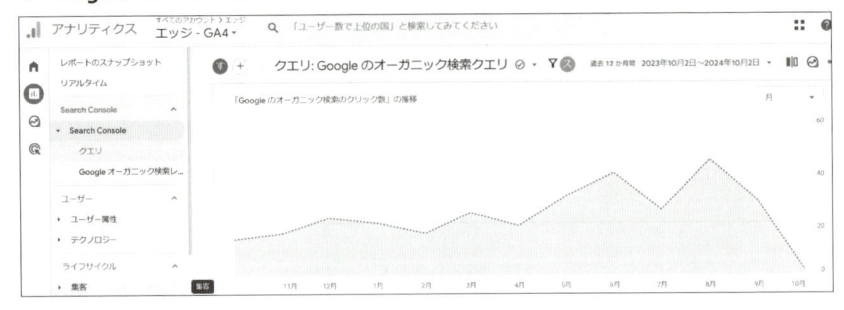

　サーチリフト調査では、動画広告を出稿した前と後で、商品名やブランド名などの関連キーワードの検索量を比較します。自然検索数が増えているなら、動画広告が検索数の増加に寄与したと考えられます。逆に検索数が横ばいなら、動画広告は検索数の増加にあまり寄与していないことになります。

　ただ、この手法では時期や期間などの外部要因によって結果が左右されます。そのため、配信条件を広告出稿前後に合わせることがポイントです。たとえば、期間であれば広告出稿の前と後でそれぞれ2週間で計測します（サーチリフト調査における外部要因は完全には払拭できないため、その点は認識したうえで検証しましょう）。

　Googleアナリティクスは、Googleアカウントを持っていれば誰でも無料で使うことができます。Googleアナリティクスを使ったサーチリフト調査は最も手っ取り早くローコストでできるため、初めての動画広告ではぜひ使うことをおすすめします。

　二つ目は、Googleアカウントマネージャーなどの担当に依頼をする方法です。ただしこの方法は、広告出稿量がいくら以上必要など、媒体側が定めた条件があります。事前に確認の上、実施するようにしましょう（なおその他の外部の調査会社に依頼する方法もありますが、こちらも費用がかかるためここでは詳細は割愛します）。

アンケート結果が示す動画広告の間接効果

　また、動画広告の間接効果の計測手法として、上述したサーチリフト調査だけでなく、動画を見たユーザーの態度変容についてアンケートをとる手法もあります。その方法の一つが「ブランドリフト調査」です。YouTube で動画を見る前にアンケートが表示されたことのある人もいらっしゃるのではないでしょうか。動画を見たユーザーの好感度が上がったか、興味が湧いたか、といったデータをとって、効果を可視化していきます。

▼ブランドリフト調査

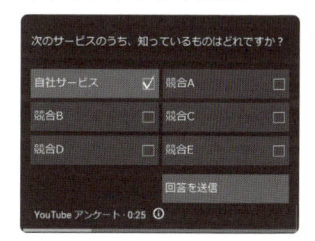

　このアンケートは、一定の配信金額を満たすことで無料で実施ができるサービスです。金額の条件が決められている背景としては、ある程度の配信ボリューム（データ量）がないと、アンケートを取得することが難しいためです。ちゃんとアンケートを取るなら3〜4個は質問がほしいため、（ドル換算のためわかりづらいかもしれませんが）金額としては日本円でおよそ800〜900万円以上の規模感は必要になります。

▼10日間でのアンケート予算[1]

測定する質問数	配信金額（米ドル）
1個	15,000
2個	30,000
3個	60,000

※1　ブランド効果測定を設定する - Google 広告 ヘルプ
　　 https://support.google.com/google-ads/answer/9049373

アンケートはたとえばこのような内容です。

【質問】
最近、興味を持ったビールの銘柄を教えてください

【回答項目】
・アサヒ
・キリン
・サントリー etc.

こうしたアンケートによって、動画広告を見たユーザーと、見ていないユーザーで、結果にどのような違いが出るかを測定します。

ある調査結果では、動画広告を見たユーザーのほうが、動画広告を見ていないユーザーに比べ、その広告に関連する商品（あるいはサービスなど）の回答をチェックする割合が高くなるというデータもあります。**つまり広告に触れたぶんだけ、その商品に興味を持ったり商品を覚えたりするなどの効果が出ることが証明されているのです。**こうした結果からも、間接効果も十分勘案した上で、広告出稿を考える必要があります。

予算が限られる中小企業などでは、動画広告は効果が見えづらい、または効率が悪いのでやめようという判断がなされることがしばしばあります。しかし短期的、あるいは直接効果だけを見てこうした判断を下すのはもったいないと思います。ちゃんと目的を見据えたうえで、直接効果・間接効果、両方を総合的に測定して判断することをおすすめします。

18 動画は複数本用意して ブラッシュアップする

Point!
- 複数のパターンを用意して、テストと改善のサイクルを継続する
- 外部要因の差をなくすなら「同時期配信」がおすすめ
- テストを続けてクリエイティブの選択と改善を

「テスト→改善」の繰り返しが効果を最大化する

動画広告では、動画を複数用意し、同時期に配信して、その効果を見ながら改善を加えていく、という運用が効果的です。

動画広告に限らず、インターネット上のコンテンツは、テストしやすい環境にあります。データとして数値が取れるからです。

さらに、コンテンツをすぐに差し替えることが可能ですし、動画であれば、短尺から長尺まで、自由に尺を変えて検証することもできます。こうした強みを最大限活かすためにも、動画広告を出す場合は、数パターン用意するのが鉄則です。

たとえばビールの広告を出すとしましょう。冒頭が異なる3パターンの動画を作成します。

- ・冒頭にビールのシズル感を強調する動画
- ・冒頭にタレントさんを出す動画
- ・冒頭に企業ロゴを出す動画

シズル感を強調 タレントを出す 企業ロゴを出す

　この3パターンの動画を作り、1か月配信します。その結果シズル感の動画が最も再生されたなら、シズル感推しで動画の内容をさらにブラッシュアップしいく……といったやり方になります。いわゆるABテストと同じだと考えてもらって問題ありません。

　このテストは、配信のスタート時のみならず、継続していくことが重要です。テスト→改善、テスト→改善、テスト→改善……この繰り返しが、動画広告の効果を最大限にするために求められます。

▶ テストが示した意外な結果 — 思い込みで人は誤る

　当然ですが、テストをしないと分からないことがあります。過去、こんな事例がありました。

　動画の最後に「詳しくはこちらから」という文言が出て、その部分をクリックすると企業のホームページなどに飛ぶ、というリンクを見たことがある方は多いと思います。この文言を載せたほうがいいのか、載せないほうがいいのか、というテストをしたことがあるのです。「詳しくはこちらから」を載せた動画と、載せない動画、2パターンを作成して、配信しました。

一般的に、ユーザーに取ってほしい行動をきちんと明記したほうが、アクションにつながりやすい、と考えられがちではないでしょうか。つまり、「詳しくはこちらから」を載せた動画のほうが、クリックされるのではないか。我々もそう予想していました。

　しかし結果は、二つの動画にほとんど差が出なかったのです。

▼検証すると思わぬ結果がわかることも

誘導ありパターン 　　　　誘導なしパターン

誘導の文面がなくてもクリック率は同じ!

　おそらく、ユーザーが動画に慣れていて、文言がなくてもクリックするようになっていた。興味を持ったユーザーは、「詳しくはこちら」で誘導されなくても、自らクリックするということが、このテストによって明らかになりました。

　この動画は携帯商材でしたが、別の業種の商材でテストすると異なる結果が出る可能性はあります。検証する際は思い込みを捨て、必ずテストするようにしましょう。

　テストによって知見がたまっていくことは事実です。仮説を立てた上でテストし、検証していく。このプロセスが、動画広告では非常に重要です。

　逆にこんな事例もあります。弊社でダイエット食品の動画広告を作成した

こともあります。このときはターゲットにあわせて4パターンの動画を作りました。

テストの結果、「ダイエット」を前面に打ち出した広告が最も効果が高いことがわかりました。これは直接的なメッセージが有効だったという事例です。

 できれば「同時期配信」。
テスト費用は2週間、30万円から

ここから、テストの具体的なやり方について、説明していきましょう。

まず、テストをする際に大事なことは、外的要因の差をできるだけ少なくすることです。そのために重要なのが、**「同時期」の配信**です。

たとえばAとB、2パターンの動画を作成したとします。同期間にランダムに配信し、データをとります。ランダムに配信すると、必ずしも50：50で動画広告が流れないことはありますが、それでも、この同時期配信がテストの正しいセオリーです。なぜなら、商材には繁忙期と閑散期があるものがあり、AとBの配信時期がずれるとデータとして正しいのかどうか判断がつかなくなるからです。

次に、テストする期間と予算についてです。**期間はおおよそ2〜3週間、長くて1か月を目処にしてください。**1か月テストできれば、有効なデータがとれます。

この期間の予算の目安としては最低でも30万円程度はあれば理想です。予算の確保が難しい場合は、可能な予算の中で配信結果から傾向を掴んでいくかたちでも問題ありません。

動画制作の予算は条件によっても細かく変わります。ミニマムで始めたい場合やブランド名の検索数を増やしたい場合など、希望条件によって予算は異なります（その点は「動画広告にどれだけ予算を割くべきか」をご覧ください）。

 ### 訴求メッセージ・ビジュアル・テキストを、テストでブラッシュアップしていく

次に、数パターンの動画を作るポイントについてです。数パターン作るといっても、何によって動画を分けるのか、ということを説明します。結論から申し上げると、

①訴求メッセージ（広告内のキャッチコピーや一緒に配信される広告文）
②デザイン（写真やイラスト、色味等の要素）
③パーツ（CTAボタンの色等）

の順で検証するのがセオリーです。成果に大きく影響する要素から検証していきます。

▼ブラッシュアップの順序

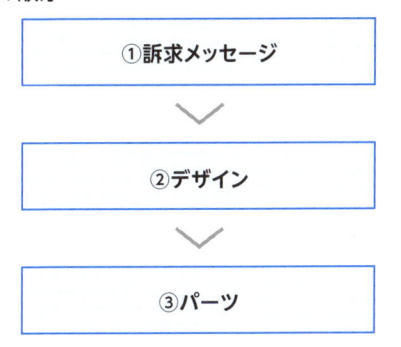

①訴求メッセージ

クライアントが動画広告で伝えたいことは、通常一つではありません。たとえば、

1 価格が安いこと

2 サービスの特性

3 アフターフォローが手厚い事

が伝えたいことの場合、どの点が一番ユーザーに響くのか。もちろん仮説を立てることはできますが、本当の答えはわかりません。これを検証するために、それぞれを強調した3本のパターンの動画を作成し、結果を見て判断することになります。

②デザイン

訴求メッセージの勝ちパターンがわかってきたら、次のポイントはビジュアルです。写真がいいのか、イラストがいいのか。あるいはそれらの見せ方について。ビジュアルという軸で数パターンの動画を作り、検証していきます。

③パーツ

そして最後にパーツです。動画のクリエイティブ内に設置してているCTAボタン（「詳しくはこちら」など）の色やフォントを変えてどういったデザインでクリック率が上がるのか？を検証します。

ここでは＜訴求メッセージ→ビジュアル→パーツ＞というフローを説明しました。**パフォーマンスの大きい部分からテストをしていくのがセオリーです**。この点を意識して、テストフローを組み立ててみてください。

テストの実施と繰り返しによって、どの動画が有効か、というクリエイティブの選択が可能になります。と同時に、クリエイティブ自体のブラッシュアップにもつながります。この二方向に役立つのが、動画広告のテストなのです。

動画広告にどれだけ予算を割くべきか

Point!
- テストするには1媒体最低30万円が目安
- テストの簡易化で、10～15万まで下げることは可能
- 媒体選択が、予算効率・効果のカギを握る

 ## 複数パターンのテストには、1媒体最低30万円が目安

結論から言いますと、**複数パターンの動画を作ってテストするためには、1媒体につき最低でも30万円、場合によっては100万円程度の予算を目安にしてください**。なぜなら、媒体最適化のためには、ある程度のボリュームのデータが必要になるからです。

たとえばGoogleの場合、テストのためには公式見解によると30件以上のコンバージョン（条件によっては50件以上）が必要と言われています[1]。CPA（顧客獲得単価）が1万円の商材の場合、30コンバージョン獲得するのに必要な予算は30万円です。

ただ、クリエイティブを複数配信しテストする場合はそれぞれのクリエイティブに予算が配分されるので、最適化までにもっと費用を要すケースもあります。30万円配信したとしても、クリエイティブ別に有意差が見られなかったり、データが不十分なのでもう少し期間を延ばして様子を見よう、といったことが往々にしてあるのです。学習期間の目安は2～3週間、長くて1か月程見ておくと良いでしょう。2～3週間経ってもコンバージョンの増加が

---

[1] スマート自動入札について - Google 広告 ヘルプ
　https://support.google.com/google-ads/answer/7065882?hl=ja

見込めない場合は、ターゲットの見直しなど別の課題も想定されるため、運用における設定内容等を見直すようにしましょう。

▼複数本配信した場合の予算のばらつき

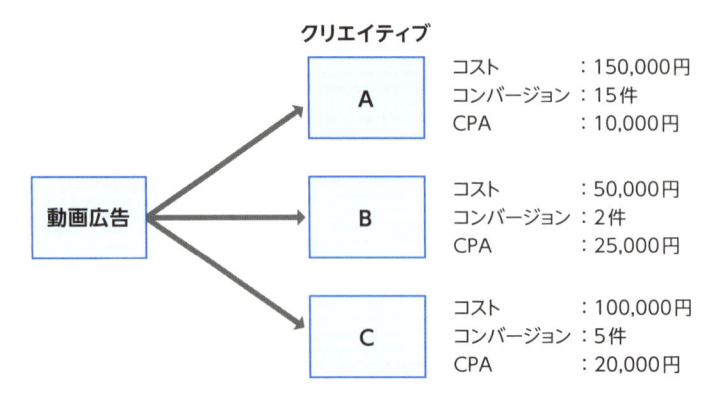

クリエイティブ

A コスト ：150,000円
コンバージョン ：15件
CPA ：10,000円

動画広告 → B コスト ：50,000円
コンバージョン ：2件
CPA ：25,000円

C コスト ：100,000円
コンバージョン ：5件
CPA ：20,000円

複数クリエイティブを配信すると、最適化に必要なデータが溜まるまでに想定以上の費用がかかることも……

 ## 「決め打ち」を受け入れるなら、10〜15万スタートもあり

とはいえ、実際のところ、そこまで予算を割けない企業はあります。そうした企業は、10〜15万円程度から、テストを始めるやり方もあります。正確な最適化は期待できませんが、それでも、テストをしないよりは、なにかしらの結果は得られます。

たとえばYouTubeでは、1万回程度再生されればどの動画が見られているかやクリックされているかの予測を立てることが可能です。

あるいは予算上、複雑なABテストはムリでも、単純なチェックのためのABテストを実施する方法もあります。ただしこの場合、最適化は不十分なため、そのことを前提に得られたデータから次の打ち手を考えていきましょう。

**最初の媒体選定を慎重かつ正確に
予算を無駄にしないために**

「動画広告は間接効果も重要」で前述したように、動画広告の目的によっては、さらなる予算が必要なケースがあります。たとえば動画広告を配信することで、ユーザーの認知度や好感度を調査する場合（＝ブランドリフト調査）、最低でも180〜200万円規模の広告費が必要になります。

この予算からもわかるとおり、ユーザーの認知度や態度変容を変えるのは、かなりハードルが高い行為です。スタートラインの時点で、ブランドの認知度や商品の認知度が低い場合は、さらなる予算が必要になるでしょう。

せっかく少なくない予算を投資するわけですから、できるだけ効率的に使用しましょう。そのためには、**最初の媒体選定を慎重に、できるだけ正確に行うことが大切です**。いきなりいろんな媒体に広告を出すのではなく、自社のターゲットにマッチしそうな媒体をまずは一つ選んでテストをする。その採算を評価した上で、他の媒体にも配信を広げていくやり方が効率的であり、効果的だと思います。

制作費と広告費の配分は大体２：８

Point!
- 動画広告費用の８割は、広告配信費用
- 制作費は全体予算の１〜２割を目安に
- 30万円あれば、それなりのクオリティで動画が作れる

 制作比率は全体予算の１〜２割程度を目安に

2023年のインターネット広告市場データによると、インターネット広告媒体費にかかる予算のうち、全体の約13％が制作費で、残りの87％が広告費です[1]。広告費とは、広告を媒体に配信するためにかかる費用です。一方制作費とは、広告を作るためにかかる費用です。

予算の8割が広告費ということは、すなわち、広告費をどのくらい出せるかが、動画広告の成果に直結するということです。そのため、広告費を確保するために、広告主は、制作費をできるだけ下げようとします。

具体的には、たとえば100万円予算があれば80〜90万円が広告費、10〜20万円が制作費、という配分が理想の目安になります。弊社の事例でも、制作費は予算全体の1割〜2割以内に収まることがほとんどです。

ただし、制作費をケチるが余り、クリエイティブの質が下がってしまっては本末転倒なため、クリエイティブにもこだわりたい場合は、制作費の比率を2〜3割まで上げる場合もあります。この辺りは成果とのバランスを見て決

※1 2023年 日本の広告費 - News（ニュース）- 電通ウェブサイト
https://www.dentsu.co.jp/news/release/2024/0227-010688.html

めましょう。とはいえ、最適化のためにできるだけ広告費を確保しておくという観点からも、全体予算が100万円の場合は制作費を上げるにしても30万円以内に収めるのが良いかと思います。

 ## 制作費の予算の目安は30万円

動画制作の費用の内訳を見ていくと、

・動画編集者の費用
・動画に使用するデザインの作成費用（写真、イラストなど）
・動画シナリオ制作料……

などに細かく分かれます。これらを社内でやるのか、外部パートナーに委託するのかによっても費用は変わってきます。こうした内訳についてはこの後の節で解説するので、この節では全体をひっくるめた予算だけをお伝えしておきましょう。

当然のことながら、動画制作費は広告の予算規模や案件によってピンキリです。制作費に1000万円以上かける動画もあれば、5万円で作る動画もあります。

とはいえ最近は、動画制作会社が増えたこともあり、30万円程度あればそれなりのクオリティの動画を作ることができるようになりました。ただし、これは撮影ナシの場合です。**アニメーションレベルであれば「30万円」を動画制作の一つの目安にしてください**。撮影ありの場合は、最低でも50万円ぐらいはみておきましょう。

 21 制作費の内訳と目安

 Point!
- 素材アリの場合は5〜30万
- 素材ナシの場合は30〜100万 or100万以上
- 「チラシ」を活用する低額メニューが人気

▶ 素材のあり・なし、撮影あり・なしで 制作費は大きく違う

　制作費と一言でいっても、一体何にいくらかかっているのでしょうか。ここでは、制作費の内訳を説明します。

　制作費はまず、素材のあり・なしによって大きく変わってきます。ご自分の会社が以下の3パターンのどれに当てはまるかを考えてみてください。

1. 素材がすでにあり、編集のみで作れる場合→5〜30万円
2. 素材がなく、アニメーションを使う場合（撮影なし）→30〜100万円
3. 素材がなく、タレント使う場合（撮影あり）→100万円〜

ちなみに、素材とは以下のようなものを指します。

映像素材

- ・カメラで撮影された映像
- ・スクリーンキャプチャー動画
- ・アニメーションやCG

音声素材

- 音声録音（ナレーション、インタビューなど）
- BGM
- 効果音

画像素材

- 写真やイラスト
- ロゴやアイコン
- 背景画像やテクスチャ

テキスト素材

- タイトルや字幕などのテロップ

　素材がない場合は、上で紹介したような素材をゼロから作る必要があり、それだけ制作費がかさみます。

　ただし、素材を作る場合でも、アニメーションの場合と、タレントさんなどを起用してロケや撮影を行う場合では、大きな差が出ます。

　アニメーションの場合は、撮影が必要ない場合も少なくありません。撮影をする場合でも、最低限の撮影スタッフ（弊社では最少2〜3名程度）で行うのが通常です。

　一方、タレントさんを起用するとなると、撮影、ロケ、商材によってはCGの費用も必要になります。おのずと費用も高額になります。

　動画制作を検討する際は、上記の費用を目安にするのが良いでしょう。多くの予算をさけない中小企業、あるいは、初めて動画広告に取り組む会社な

どには、1あるいは2のパターンが人気です。現在では、プロンプトを打ち込めば素材を生成してくれるAIツールも登場しています。素材制作コストを抑えるならば、そうしたAIツールも駆使するのの一つの手です。ただし、生成物が著作権をクリアしているかは、必ずチェックしましょう。

 **チラシ素材が動画素材になる！
1本5万の人気メニュー**

ここで「素材アリ」の人気メニューを一つ紹介しておきましょう。

これまで、デジタルよりも、「チラシ」など、アナログ広告に力を入れて来た企業は少なくありません。そうした企業向けに、チラシの素材を利用して動画を作成するメニューがあり、手軽に始められると人気を博しています。動画1本5万円という低額から作ることができます。

▼チラシが動画に

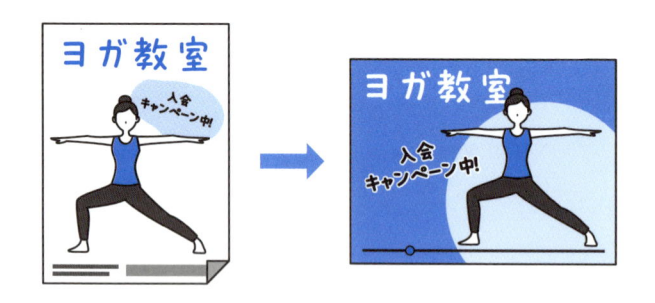

チラシなどを主な広告媒体としてきた企業でも、最近はWeb広告に目を向ける動きが目立っています。しかし、最初は大きな制作費をかけられず、トライアルで実施するケースも少なくありません。従来の素材や知見を活用しつつ、予算を抑えてWeb広告を始められるこうしたメニューをぜひ活用してみてください。

内部で作るか、外部で作るか

Point!
- 自社と外部の切り分けが重要
- 企画書作成は自社主導で
- 企画書サンプル、ヒアリングシート活用を

動画制作すべてを自社で担うのは難しい

　動画制作において難しいのは、どこまでを自社で担い、どこから外部パートナーに委託するか。その切り分けの判断です。すべてを自社で担うことができたら理想的かもしれませんが、それは大企業であっても、ハードルが高いです。**動画編集は編集マンに、デザインはデザイナーになど、プロに任せたほういい部分はプロに任せるのが、効率よく、質の高い動画を作るための近道となります。**

　そのため、動画制作のフロー全体を見渡した上で、どこを自社でやり、どこを外部に委託するのかを決める必要があります。

　動画作成の大まかなフローは以下のとおりです。

企画
↓
シナリオ作成
↓
絵コンテ作成（ラフコンテ、本コンテ）
↓
素材加工

↓

編集

↓

ナレーション付け

↓

BGM付け

なお、制作のステップについては第4章で詳細します。ここでは内製と外製があるということを理解していただくために必要なフローの説明にとどめます。

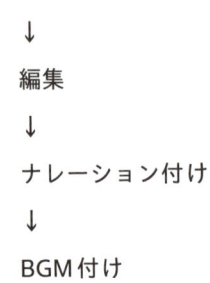 **動画広告の設計・構成から外部に依頼する場合は、オリエンシートが重要**

動画広告の設計・構成から外部パートナーへ委託する場合は、次に紹介するような情報（オリエンシート）はできるだけ明文化してから、外部パートナーへオリエンテーションするようにしましょう。 この情報が整理できていれば、外部パートナーとしても、提案がしやすくなります。

反対に言えば、オリエンシートがないと制作会社に委託しようにも、制作会社は何を根拠に提案や見積もりを出せばいいか判断がつきません。オリエンシートをまとめることが、動画制作の最初の一歩だと心得てください。

オリエンシートに必要な項目は以下になります。

・動画の目的
・動画を作る背景
・現状抱えている課題
・ターゲット

- 動画広告を配信する媒体（どこの媒体で配信するか）
- 動画の世界観、イメージ（サンプルURLなどで共有）
- 依頼内容（構成・絵コンテから依頼するか、ナレーションの有無、撮影の有無など。決まっている範囲でOK）
- 予算
- スケジュール

ラフコンテまで自社で作ると、その後の労力軽減につながる

企業によっては、ラフコンテまでを自社で制作する場合もあります。過去、弊社の取引先で絵コンテを自ら描く、という創造力豊かな社長に出会ったこともあります。なかなかないケースではありますが、ラフコンテまでを自社で制作できると動画のイメージがより細かく共有できるため、その後の出戻りは少なくなります。制作会社が作った絵コンテを確認して、それを修正して……といったやりとりが減るからです。

作りたい動画のイメージが固まっている場合は、絵コンテを自社で作ることをおすすめします。 確固たるイメージがあるぶん、制作会社のラフコンテを見て「なんか違うな」となりやすいからです。

制作会社の作った絵コンテと、クライアントが持つイメージとの間に大きな離齬があると、フィードバックの回数が増えて、納期が延びるといったケースもあり得ます。そうなると、配信までに時間もかかるし、労力もかかります。

ラフコンテは、手描きでも問題ありませんし、絵ではなく文字ベースでも問題ありません。作りたい動画の内容と流れを伝えることができればOKです。もしこんな動画にしたい、というイメージがある場合は、手描きでもよ

いので、外部の制作会社へも共有するようにしましょう。

　ラフコンテを自社で作成できない場合でも、自分の持つイメージに近い動画や、こんな動画を作りたいという動画を見つけた場合は、サンプル動画として、制作会社に提示しましょう。そうすることで、その後の工程における制作会社との離齬を減らすことができます。

　ただし、一つ注意点があります。サンプル動画を送って「これと同じものを作りたい」というと、「これを作るなら何百万はかかります」など難色を示される場合があります。そのようなときは、サンプルのどの点を取り入れたいか？予算内でやるとしたらどのような方法があるか？など、自分の希望に合った提案をもらえるよう、議論するようにしましょう。

23 外部パートナーを選ぶときのポイント

Point!
- 実績、業界知識、得意分野を見極める
- 再委託は NG ではないがリスクも知っておこう
- 3〜5 社への見積り依頼で適正価格を知る

制作会社にも得意・不得意あり 見極めるポイント3点

前節で、動画制作は多かれ少なかれ外部パートナーの力を借りる必要があるという話をしました。ここでいう外部とは、動画を制作する制作会社を指します。

では、制作会社をどのように選べばいいのでしょうか。そのポイントを説明していきましょう。

重要なポイントの第一は実績です。同じ規模・業界の案件において実績があるかどうかを見てください。

第二に、**業界知識や商品理解です**。お願いしたことだけではなくプラスアルファのアイデアを出してもらうためには、幅広い業界知識と、深い商品理解が必須になります。これはポイントの第一と連動しています。実績のある会社は、業界知識や商品理解もおのずと豊富になります。

業界知識や商品理解があるとはどういうことかをもう少し説明します。たとえば食品の動画で、よくキーワードになるのは「シズル感」です。今や広く知られた概念なので、どの制作会社でも理解しているとは思いますが、こうした重要ポイントを押さえるためには、相応の業界知識や商品理解が必要で

す。そしてこのポイントを押さえられないと、制作のアウトプットが物足りないものになってしまいます。

　制作会社を判断する際に見るべき第三のポイントは、**担当可能な領域や得意分野です**。制作会社には得意・不得意があります。そしてこの得意・不得意は、業界単位にもありますし、制作プロセス単位にもあります。

　業界単位というのは、うちは食品業界が得意、うちは美容業界が得意ということです。制作プロセス単位というのは、うちは撮影が得意、うちはアニメーションが得意ということです（ちなみに弊社はもともとアニメーションを得意としており、そこから撮影への領域を広げていきました）。

　撮影が得意な会社に依頼をすると、撮影ありきの提案ばかりあがってくることがあります。一方、アニメーションが得意な会社は、アニメーションを使った提案を中心にプレゼンしてくるでしょう。

　制作会社の得意分野を見極めて、自分たちがやりたいことにできるだけ沿う制作会社に依頼しましょう。

 ## クリエイターがとんでしまったことも……
再委託のリスクをどう減らすか

　四つめのポイントとして制作体制も重要です。制作体制において見るべきは、第一に、コミュニケーション体制です。良い動画広告を作るためには密なコミュニケーションが欠かせません。そうした体制になっているかを観察し、確認してください。

　次に、制作会社が外部の会社を使っていないかどうか。つまり、**再委託の状態になっていないかも制作体制を確認する上で大切なポイントになります**。

再委託はNG、というわけではありません。外部の会社や人材を使う制作会社は少なくありません。

ただし、再委託は、介在する人間が増える分、コミュニケーションに時間を要します。また、緊急時には対応のリスクが生じます。すぐに修正してほしいのに、外部の人だからすぐに捕まらないとか、弊社の事例ではありませんが、クリエイターがとんでしまった、というケースを聞いたこともあります。こうしたことが起きると、大幅に納期が遅れます。

ですから、制作会社が再委託していると分かったら、そうしたリスクを踏まえてスケジュールを組んでおきましょう。制作会社と信頼関係が結ばれている再委託先なら、それほど心配はいりませんが、初めて組むデザイナーさんに再委託するような場合は、慎重を期す必要があります。

弊社では、たとえばデザイナーが再委託だとわかった場合は、「デザイナーさんに連絡が付かないとき、緊急時の対応はどうしていますか？」などと聞くようにしています。ちょっと意地悪な質問かもしれませんが、事前に確認しておくことが重要です。

弊社の経験から言いますと、再委託ではなく制作会社の内製で作ってもらえるほうが、安定感があり、フレキシブル、そしてスピーディーです。ただし、そうはいかない場合もあります。事前に確認し、いざというときの対応を制作会社とすりあわせておきましょう。

▶ 大変だけどやるしかない複数社への見積り依頼

外部パートナー（制作会社）を決定する前に、数社の見積りをとることをおすすめします。価格が適正なのか、提案内容が優れているか。比較検討しな

ければわからないことが多々あるからです。

　最低でも3社、理想的には5社に見積り依頼をすれば、適正価格が見えてくると思います。また、制作会社によって金額も内容もこれほど違うのかということもわかると思います。

COLUMN　予算見積のヒアリングシート

外部パートナーを決定する前に、複数社の見積りをとることが理想です。しかし、複数社に見積り依頼をするのはかなりの労力を要します。はっきり言って、大変で疲れます。

少しでも見積り依頼作業を簡単にするために、弊社では見積り依頼時のヒアリングシートを使用しています。希望する動画の概要や素材の有無がわかることで、お互い見積作業を省力化できます。下記のURLからヒアリングシートをご利用いただけます。当節の内容も参照しつつ、ご活用ください。

https://gihyo.jp/book/2024/978-4-297-14498-2/support

プラットフォームの
特性と制作のコツ

YouTube：最初の5秒でメッセージを伝える

Point!
- 強制視聴の冒頭「5秒」が命
- スマートフォン視聴、音声ありが前提
- YouTubeでも縦型動画を活用しよう

YouTubeのメディア特性

この章では、プラットフォーム（媒体）ごとの広告メニューの特性、そして特性を活かした制作ポイントをお伝えします。媒体によって動画もテキストも作り方が変わります。媒体の強みを活かしたクリエイティブの制作が、動画広告の効果を最大化することにつながります。

まず、この節ではYouTubeについて説明します。YouTubeのメディア特性は以下のとおりです。

・総再生数の70%以上がスマートフォン視聴
・95%の動画は音声付きで視聴される
・約30%がスマホを縦持ちで動画を視聴

YouTubeのクリエイティブのポイント

1. 冒頭5秒に入れたいワードを入れる

ユーザーの大半は6秒以降にスキップします。そのため、**冒頭5秒の強制視聴の間にもっとも伝えたいことを入れる**ようにしましょう。企業名やサービス名は有効です（ブランド認知があればなお良いです）。

▼ 冒頭に伝えたい情報を入れる

ロゴ・サービス名

ベネフィット

2. 訴求ポイントはナレーションや音で視聴させる

　YouTubeはユーザーの95%が音声をONで動画を視聴しています。電車の
なかでもイヤホンで音声を聴いている人が基本なので、**サービス名などの訴
求ポイントは必ず読み上げて、音でもユーザーの記憶に残しましょう。**

3. 訴求ポイントはテロップで大きく視認させる

　9割が音声ONで視聴しているといえど、視聴環境によっては、音声が聞き
取りづらかったり、聞き取れない場合もあります。情報をしっかりインプッ
トしてもらうために、訴求ポイントは文字で大きく打ち出しましょう。目で
見て確認してもらうことで、記憶への定着を促します。

4. モバイル視聴中心のため、横型だけでなく、縦型動画も用意しておく

　YouTubeは一般的に横型のイメージが強いと思いますが、スマートフォン
視聴が中心になった今では、媒体としても縦型動画を推奨するようになって
います。**ですからこれから始めるかたは、縦型動画も用意するのが望ましい
です。**

　というのも、縦型動画の有効性は証明されているからです。たとえばGoogle
は、縦型動画は横型動画と比べてブランド認知度が33%アップ、比較検討は

12%アップするというデータを公開しています。

　横型の動画を縦型の広告枠から配信するのではなく、それぞれ広告枠のサイズに最適化することで効果を高めることができます。2種類作るのは大変だな、と思われる方もいらっしゃるかもしれませんが、絵コンテや制作の時点から縦型と横型の両方の画角を意識することで、負担を減らすことができます。撮影をするときに、**「縦型＝9：16」の動画も作ることを考慮して、あらかじめ引き目で撮っておくなどがコツです。**

　ただし、縦型と横型、2種類の動画を作るということは、そのぶん制作費が上がることを意味します。予算の関係で1種類のサイズしか難しいという場合は、まずは、片方（横or縦）から始め、効果を見てサイズを追加するようにしましょう。

5. エンドカットではユーザーに起こしてほしいアクションを明確に伝える

　最後に、動画を見てもらったユーザーをしっかりとアクションにつなげるために「まずは○○で検索！」や「今すぐ資料請求」など、ユーザーに起こしてほしい行動を明記しましょう。

 縦型動画を作るコツ

　YouTubeに限ったことではありませんが、縦型動画を作るコツを説明します。

　縦型動画は、見せたい対象をアップで見せると効果的です。対象が小さいとそのぶんインパクトや視認性が薄れ、印象にも残りにくく、ユーザーのアクションにつながりにくいことが、データで明らかになっているのです。

テレビとスマホを比較してよく言われるのが、「テレビはひな壇が通用するけれど、スマホにひな壇はいらない」ということです。テレビは視聴を継続させなければいけないので、ひな壇にいろいろな人がいて、いろいろな絵や発言があることに意味があります。対して、**スマホの限られた画面では見せたい対象を絞り、それがアップで出ているかどうかがユーザーにとって重要です。**この特徴を意識して、縦型動画を作るようにしてください。

▼縦型動画も活用する

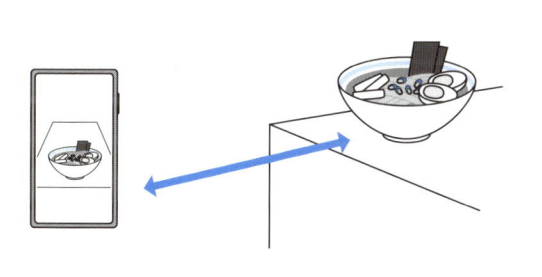 

引きの画も撮っておく　　　　　　対象をアップで見せる

 25 Facebook：正方形の中心に重要情報を配置

Point!
- 97%がスマートフォン視聴
- "直感的"な画像や動画が有効
- 中央に目が行く「正方形」。強調したいことは中央に置く

Facebookのメディア特性

Facebookの媒体特性として、**97%がスマートフォンで視聴するというデータが出ています**。また、電車での通勤中や仕事や待ち合わせなどの待機時間に見られるケースが多く、7割程度のユーザーがこうしたシチュエーションで見ています。

Facebookのクリエイティブのポイント

1. 冒頭2秒以内でキャンペーン内容や商品、ブランドロゴを出す

Facebookは9割がスマートフォン視聴なので、ユーザーはフィードを上から下にスライドしてコンテンツを見ていきます。手を止めても、1〜2秒見て興味を持たれなければ、どんどん下へとスライドされてしまうということです。

少しでも長い時間見てもらうためには、広告の信頼性を高めること、具体的には冒頭2秒以内で何の広告かがわかるようにキャンペーン内容や商品、ブランドロゴなど、訴求したい内容を出すことが重要です。そうすることにより、視聴時間が長くなる傾向にあることがわかっています。

2. ビジュアルは、直感的にわかりやすい画像や動画が好ましい

「直感的」を実現するためのポイントは、誰に向けてのメッセージなのかをはっきりさせることです。

具体的には、**How-toや利用シーンのビジュアルを見せましょう**。そうすることで、ユーザーはサービスや商品を自分が利用しているシーンを"直感的に"想像しやすくなります。

3. 伝えたいメッセージや画像は中央に表示する

Facebookのクリエイティブは「正方形」です。そのため、ユーザーの目線は画像の「中心」に行く特性があります。この特性を活かし、**伝えたいメッセージはクリエイティブの中央に配置するようにしましょう**。

4. CTAボタンもクリエイティブ内に入れる

Facebookでは、広告のクリエイティブの下にCTAボタン（「詳しくはこちらから（Learn More）」ボタン）が配信時に自動で表示されます。

このCTAボタンを押してもらうことが広告配信の目的になるわけですが、動画のクリエイティブ内にCTAボタンのクリックを促すデザインを置くほうが、促すデザインがない場合よりもCTAボタンのクリック率（CTR）が高まりやすいことがわかっています。

3で説明したように、Facebookはビジュアルの中央に目線がいきやすい媒体です。ですから、訴求したい内容は中央に置いて強調するのが効果的です。

一方で、動画の下にあるCTAボタンには目線が向きにくいことがあります。そのため、CTAボタンのクリックを促すデザインを動画の右下などにあえて置くことで、ユーザーはまず中央から右下へと目線を移し、次にその下

のCTAボタンへと目線を移していく、という流れができるのです。これによって、ユーザーはCTAボタンを認識しやすくなり、クリックするという行動にもつながりやすくなります。

▼CTAボタンをクリエイティブに入れ込む

クリエイティ内に
CTAボタンを入れる

5. 尺は15秒以内

尺は短いほうが見られやすく、Meta社は15秒以内を推奨しています。

6. 音声OFFを想定し、コピーやテキストは画像内にも明記

スマートフォン視聴が圧倒的であるものの、Facebookは動画メディアではありません。ですから、音声オフで見られるケースも多々あります。音に頼らず、伝えたい内容はコピーやテキストでも表示しましょう。

FacebookのTipsは、後述するInstagramのTipsと共通する点がいくつかあります。一方で大きな違いもあります。それは画面の形です。Instagramは縦型動画が強いのに対し、Facebookの動画は正方形です。この点が大きな違いになります。

そして繰り返しにはなりますが、どの配信面が効果が高いかは、Meta社のフォーマットの仕様上、配信してみないとわかりません。そのためスクエア・縦型など必要なサイズはすべて用意し、すべての広告フォーマットで配信し、最適化できるようにしましょう。

26 Instagram：一瞬で伝わる工夫が必要

Point!
- 強制視聴時間がないため、冒頭2〜3秒が勝負
- ビジュアルとメッセージに一貫性を持たせる
- 行動に移しやすいメディア。数字でベネフィットを明示

Instagram のメディア特性

Instagram のメディア特性は以下のとおりです。

・インスピレーションや発見を求めて集まる場所
・縦型動画を見る割合が、SNS のなかで2番目に高い媒体
・43%がサイトなどで後日商品を確認／購入をする

Instagram のクリエイティブのポイント

1. 一目でわかるワン・メッセージを2秒以内で伝える

　冒頭が大事——すでに説明してきたとおり、これはどの媒体でも共通のセオリーです。**一瞬で理解できる内容を、2秒で伝えましょう。**Instagram は X と同様に強制視聴の時間がないため、冒頭2秒が重要です。

第3章 プラットフォームの特性と制作のコツ

▼一瞬で理解できるメッセージを伝える

　メッセージは、ビジュアルだけでなく、文字にして伝えるのがポイントです。広告によっては、視聴を促すために何の広告かがわからないような作りに意図的にすることもありますが、シンプルで具体的なワンメッセージがInstagram広告の王道です。

2. メッセージとビジュアルには一貫性をもたす

　一般に、動画ではビジュアル情報の補足として、映っているものとは異なる情報をコピー内容にすることがあります。

　しかしInstagramでは、**ビジュアルから想起できるイメージとコピーで伝える内容をできるだけ一致させるようにしてください**。

　Instagramはビジュアル中心のメディアであるため、テキストはあくまで補足の位置づけです。テキストがビジュアルをアシストすることはあっても、邪魔にならないほうがよいのです。この点は、テキストが大きな役割を果たすXとは異なる点です。

　たとえばラーメンの動画広告で、ビジュアルはラーメンだけど、テキストはラーメン店を出している街についての解説……とすると、情報量は増えますがわかりにくくなってしまいます。ラーメンの広告にはラーメンのビジュ

アルを載せ、ラーメンについて言及する、といった単純明快でパッと見てわかる作りがベストです。

3. ユーザーベネフィットを数字で明示

「何が良いのか」「どのくらいお得か」を、具体的な数字や実績で伝えましょう。

10%オフや10%アップといった数字を入れ込むと、広告効果が高まりやすいことがわかっています。できるだけ数字の情報を入れてください。

▼ベネフィットを数字で示す

4. フォーマットは必ず網羅

すでに説明しましたが、Instagramにはリール、フィード、ストーリーズと、動画を流すフォーマットが複数あります。媒体としては、これらすべてのフォーマットに配信し最適化することを推奨しています。

フォーマットによって動画のアスペクト比率が異なりますので、それぞれのフォーマット用に動画を用意する必要があります。作成本数が増えるので大変ではありますが、最適化によって効果を出すためには、ここは避けて通れません。

5. 縦型動画を見る割合が、SNS のなかで 2 番目に高い媒体

　2022 年のテテマーチ株式会社のアンケート調査によると、縦型動画を見ている媒体（国内 20 〜 40 代男女）は上から順に、

1 位 YouTube (shorts) 43.0%
2 位 Instagram (Reels) 35.7%
3 位 X 9.3%
4 位 TikTok 8.7%

　となっています[1]。この結果から、Instagram は 2 番目に縦型動画が見られている媒体であることがわかります。

　Instagram よりも YouTube のほう割合が高いのは、全体の利用者数が圧倒的に多いからです。一方、縦型動画の主戦場である TikTok の割合が少ないのもこれと同じく、全体の利用者数が少ないからです（現状、TikTok の利用者数は Instagram の 4 分の 1 程度です）。

6.「人」を出した、ユーザー投稿風・自撮り動画風が興味を引きやすい

　5 で説明したように、Instagram は縦型動画がよく見られます。そのため、人を出すと動画の引きが強くなります。

　ここでいう「人」には、広告主が出るケースもあればタレントの場合もありますが、一番多いのはインフルエンサーです。

---

[1] SNSの縦型動画に関する意識調査を実施 よく見る縦型動画 男性は【YouTube(shorts)】女性は【Instagram(Reels)】が1位 | テテマーチ株式会社
https://tetemarche.co.jp/news/tete-2022082901

27 X：無音視聴が基本、字幕は必須

Xのメディア特性

X（旧Twitter）のメディア特性は以下のとおりです。

・ユーザーの80%がスマートフォンで利用

・テキスト文化であり、利用者の47%が10〜20代

・YouTubeと異なり、約70%のユーザーが無音で視聴

Xのクリエイティブのポイント

1. ブランド名やロゴなどは冒頭から表示する

　YouTubeと違って、Xには強制視聴の5秒がありません。そのため、ユーザーはほとんどの場合5秒も待たずにどんどんスクロールします。広告を見てもらうためには、2〜3秒という極めて短い時間で何を伝えるかが非常に重要です。

　ロゴや商品などのブランド要素を冒頭に露出することによって、ブランドの純粋想起が高くなることがわかっています。**最初の2〜3秒で、ロゴやブランド名を出しましょう。**

▼ロゴやブランド名は最初から出す

2. フックを冒頭に仕込む

　この点は前節で説明したYouTubeのポイントと似ています。Xでも、冒頭でこの動画が何のブランド広告なのかをはっきり示すことが重要です。特にXには強制視聴の5秒間がありませんから、冒頭のメッセージの重要性はより高まります。

▼冒頭で印象付ける

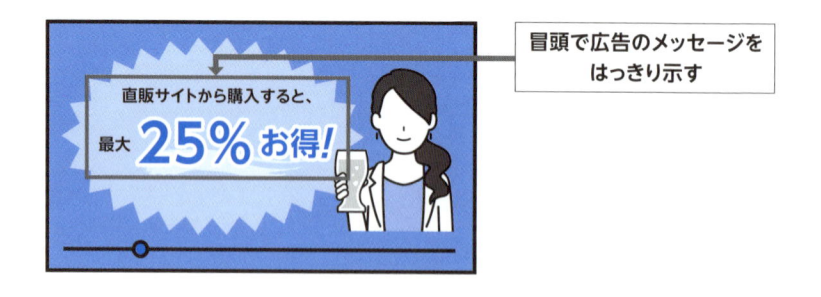

3. 音声あり／なしにかかわらず、字幕は必須

特性で示したとおり、Xは「無音」がデフォルトです。テキスト140文字以内でつぶやくことから発展したXは、成り立ちからいって動画メディアではないからです。Xは基本的に音声なしのテキストメディアなのです。

ですから、動画でもナレーションに頼ることはできません。そこで重要になるのが文字情報です。

動画で話している内容や、ビジュアルインパクトのある言葉を字幕で出すことによって、動画の視聴時間が長くなることがわかっています。ビジュアル的なインパクトを持つ動画をタイムライン上で見つけた場合、動画の視聴時間は28％長くなります。**X動画では、音よりも字幕を意識しましょう。**

4. ユーザーの手を止めるサムネイル

Xのタイムラインを、ユーザーは上から下へとどんどんスクロールしていきます。そのなかで、手を止めてもらうために大きな役割を果たすのがサムネイル動画です。

X広告ではタイムラインに表示するサムネイル動画を入稿できます。タイムライン上で目を止めてもらえるような、視聴したくなるサムネイル動画を作成し、設定することが重要です。

5. 質・量ともにテキストを作り込む

Xはポスト（ツイート）のテキストがよく見られるメディアのため、動画と同じくらいテキストも重要です。**質・量ともに、テキストをしっかりと作り込みましょう。**テキストの占有率が高いと、動画広告の効果が高まることがわかっています。

テキストの幅をとるための工夫として、あえて改行を入れる、スラッシュ、絵文字を駆使して目立たせるといった方法がよくとられます。テキスト半分、動画半分。これがX特有のポイントだと心得てください。

▼テキスト本文の作り込みも重要

LINE：視認性とシンプルさが重要

Point!
- 動画は簡単なアニメーションで効果あり
- 金額や割引率など、数字を示すと効果UP
- タイトルでも引き付ける

 LINE のメディア特性

LINEには複数の配信面がありますが、主な配信面は以下の三つです。

- ・トーク：友達などとトークするときに使う画面です
- ・ニュース：ニュース記事が配信される画面です
- ・VOOM：ここには縦型動画が流れます

上記三つの中でユーザーに最も使われているのはトーク画面です。ここに広告を配信すると、最もインプレッションが出やすいということです。

 LINE のクリエイティブのポイント

1. 視認性がよく、アクションを促すような表現がトレンド

前提として、LINEはトーク面とトーク面以外（ニュース、VOOM）で、広告配信時に表示される広告クリエイティブの大きさがまったく異なります。トーク面は別物と考えて、トーク面専用のクリエイティブを作ったほうが良いです。LINEの場合、トーク画面に表示されるのは静止画のサムネイルで、それをクリックすると動画が表示されるという仕様です（なおニュースと

VOOM画面で流れる動画広告は、タップせずに自動で再生されます）。

　まずトーク画面の広告サイズが小さいため、サムネイルは視認性を重視したデザインであることが重要です。サムネイルに情報を詰め込むのはNGです。文字が小さくなりすぎて視認性が悪く、何の広告かがわかりづらくなるからです。サムネイルの見せ方のフォーマットとしては「ボタン風表現」「めくれ風表現」「招待券風表現」などがあります。

▼ 主なサムネイルの見せ方

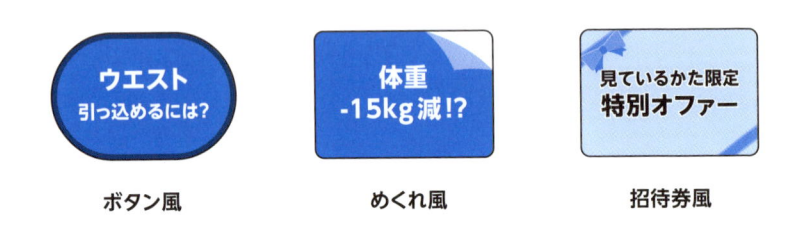

次に動画の特徴としては、凝ったクリエイティブよりシンプルさとわかりやすさを重視してください。たとえば簡単なアニメーションでも効果が出ます。**クオリティの高い動画を作るぞと意気込むよりも、静止画の延長でOKという認識で臨みましょう**。動画の動きとしては「ボタンが光る」「クリックするとコピーが動く」といった動きがよく使われます。

　ちなみに、映像もアニメーションもスライドショーもすべて「動画広告」に入ります。拡張子.mp4で入稿できれば、動画フォーマットから流すことができます。

2. 候補を複数パターン見せる

　近年業界を問わず見られた鉄板パターンに「商材を並列に配置して、候補を複数見せる」というものがありました。たとえば画面を4分割して、一つずつ違うパターンの商材を置き、順番に光らせていくようなやり方です。

一つでも気になったパターンがあれば、ユーザーにクリックしてもらえるため、より多くのユーザーを取り込む可能性が期待できます。

3. ブランドカラーで目立たせる

　ブランドカラーを前面に使用したデザインのほうが、そうでないデザインよりも、ブランド認知を高める効果があることがわかっています。業界を問わず、ブランドカラーを強調することによって他社と比較して目立たせることができ、利用検討してもらいやすくなります。

4. 金額や割引率を明示する

　LINEでは特に、数字を強調すると動画広告の受けがよくなります。定量的なメリットを強調し、ユーザーのベネフィットをわかりやすく伝えましょう。弊社ではこうした数字は冒頭2秒以内に表示させることが多いです。

5. 商材のスクロール、一部アニメーションだけでも効果あり

　LINE動画は静止画の延長という話を先ほどしたとおり、商材が左右に規則的に動く簡易的なアニメーションだけでも、ユーザーの目を引いて効果が高まりやすくなります。あるいは静止画をベースにテキストの重要な個所のみをアニメーションにするとか、髪を動かすとかだけでも効果が期待できます。

　いずれにしても、凝った映像を作るのではなく、静止画の画像の一部を動かすだけで効果が期待できるのがLINEの特徴です。クオリティはどうであれ、「動きを見せる」ことが見てもらうためのポイントだと心得てください。

6. 日常的な世界観ゆえに、大衆的メッセージが響く

　LINEはInstagramに比べて、大衆的なデザインやメッセージが受け入れられやすいと言えるかもしれません。ダイエットやスーパーの割引など、生活感のある広告をLINEで目にする人は多いでしょう。

この背景には、媒体の「世界観」が影響していると考えられます。Instagram に生活感のある広告がダメというわけではありませんし、実際そうした広告も出ています。ただ、Instagramはビジュアル重視の媒体なので、日常生活に即した広告はInstagramよりLINEのほうが向いているのではないか、LINE でのほうが受け入れられやすいのではないか、そう推測することができます。

7. タイトルで引き付け、クリックさせる

LINEの数ある配信面のなかで、最も動画広告のインプレッションが高いのはトーク画面です。トーク画面の広告は右側にサムネイル、左側にテキストが表示されます。**LINEはテキストも読まれる媒体なので、ここに表示するタイトルを工夫して、読まれやすくすることが重要です。**

ユーザーの興味を引きやすくなるタイトルのパターンは以下のとおりです。

①「」(括弧) でキーワードを強調する
(例) ・「初回90%OFF」モニター募集！
　　　・「すごっ……」試してみて！ など

②ターゲットを明記し、自分ごと化を促す
(例) ・まだまだ連休の旅先の未定の方へ！
　　　・23区で物件をお探しの方へ など

③特典の明示し、おトクさを直感的に伝える
(例) ・最大50%OFFクーポン配布中
　　　・【注文殺到】88%オフ など

④有名人を起用し、商品の信頼性や対象属性を伝える
(例) ・〇〇さん「これすごい」人気美容液
　　　・〇〇さん絶賛の健康維持法 など

⑤問いかけ型

（例）　・キミはクリアできるかな？

　　　　・お引越しを検討中ですか？　など

⑥結論を言わず、興味を持たせてクリックを促す

（例）　・審査に申し込んでみた結果……

　　　　・お得な物件を見つけた方法とは　など

⑥はSmartNewsでよく使われているTipsで、ネットのニュース記事でもよく見られます。タイトルを疑問形にしておいて、クリック先の動画で結論を伝えるやり方です。

COLUMN　LINEにはYahoo!の管理画面から出稿できる

LINEとYahoo! JAPANは統合されたため、Yahoo!の管理画面から、LINE広告が出せるようになりました。Yahoo!の広告アカウントを持っていれば、LINEのアカウントがなくても、LINE広告を出せるので便利です。

業種別のクリエイティブトレンドが、LINEヤフー公式サイトで公開されています。それもぜひ参考にしてください。

・LINE Creative Inspiration
　https://creativelab-tips.line.me/

29 TikTok：ユーザー投稿風に作りこむ

Point!
- 冒頭3秒で何を表示するか見極める
- TVタレントよりTikTokインフルエンサーが強い
- 人は出しても「顔出しなし」のほうが効果的な場合も

TikTokのメディア特性

TikTokのメディア特性は以下のとおりです。

- 縦型フルスクリーン視聴が前提
- 若者だけでなく30～40代も使っている
- ユーザー投稿風が好まれる

「縦型」で「フルスクリーン」。何と言ってもこの2点がTikTokの特徴です。画面をフルに使えることで、TikTokはほかの媒体よりも動画のインパクトを残すことができます。

動画の左下にテキストを載せることはできます。ただしフォントのカラーはグレーで、あまり目立たない仕様になっています。テキストに頼らず、動画でわかるような作りにすることが、TikTok動画の鉄則です。

これらを踏まえて、以下クリエイティブのポイントを説明します。

TikTok のクリエイティブのポイント

1. 冒頭3秒以内で商品名を表示する

　動画を見たユーザーに、商品やサービスの「購入・利用意向」があるかどうかを聞いたところ（TikTok の調査）、「購入・利用意向」があると答えた人の割合は以下のようになりました。

　・3秒以内に商品紹介をしなかった動画では9.5%
　・**3秒以内に商品紹介をした動画では34%**

　この調査結果から、**動画の冒頭（3秒以内）で商品を見せるのが効果的だと言えます**。

　というのも、3秒経つと大半のユーザーが離脱してしまうからです。商品やサービスを認知させたい場合は「3秒」を強く意識して、3秒以内に興味を持ってもらえるような動画を作成することが重要です。

　一方で、これと相反する興味深いデータもあります。「広告」認知と「ブランド」認知を高めるためには、3秒以内に商品やサービスの紹介がないほうが有効であるというデータが出ているのです。

「広告認知」の割合
　・**3秒以内に商品紹介がない場合：57%**
　・3秒以内に商品紹介がある場合：47%

「ブランド認知」の割合
　・**3秒以内に商品紹介がない場合：28%**
　・3秒以内に商品紹介がある場合：13%

上記の結果からは、動画の冒頭から商品・サービスを前面に出すとそれらが強調される分、広告やブランド認知は後回しになるということが推測されます。

　「購入・利用意向」を目的とした場合は冒頭3秒以内に商品を出す、「ブランド認知」を目的とした場合は冒頭3秒以内に商品を出さないなど、広告出稿の目的に応じて商品・サービス紹介のタイミングを見極めることがより高い効果につながると言えるでしょう。

2. 人を出すほうが、視聴率が向上する傾向がある

　TikTokでは、冒頭に人が出てきた動画は人が出ていない動画に比べて視聴率が高くなったというデータがあります。これは、TikTokがエンタメ性が高く、人が出ている動画もたくさん投稿されているため、広告にも人を出すことによって広告色が軽減されユーザーに受け入れられやすくなると考えられます。とはいえ、明らかに広告だとわかるような作りこまれたクリエイティブでは、人が出ていても嫌がられる恐れがあります。あえて自撮り風にするなど、うまくユーザー投稿風の見せ方で制作するのがポイントです。

3. TVタレントよりも、TikTokインフルエンサーのほうが有効

　上記2で「人」を使う話をしましたが、**TikTokではTVタレントよりもTikTokインフルエンサーのほうが有効というデータが出ています**[1]。広告認知、ブランド認知、購入・利用意向、すべてのファネルにおいて、TVタレントよりもTikTokレインフルエンサーのほうが良い結果を出しているのです。

　TikTokユーザーにとっては、TVタレントよりもTikTokインフルエンサーのほうが普段スマホを通じて触れ合っていることから親近感があるため、広

※1　TikTok For Business初のクリエイティブリサーチ　高い広告効果を生む、4つの法則とは！？
　　　https://tiktok-for-business.co.jp/archives/3415/

告に起用しても抵抗感が少なく、興味をもって見ることができます。

　また、インフルエンサーにもよりますが、一般にTVタレントよりもインフルエンサーのほうがギャランティが安くなります。そういう点からも、TikTokではインフルエンサーの起用を検討することがポイントになります。

4. 人は出しても、顔出しはしないほうが良いケースもある

　TikTok動画で紹介する業界や内容によっては、**人は使っても、「顔出しなし」のほうが有効なケースがあります。**

　たとえば金融業界（FX・クレジットカードなど）では、顔出しなしで、スマホ画面内の操作シーンや店でなどの利用シーンを見せたほうが、顔出しアリに比べてCTRが向上したというケースがあります。こうしたサービスは、実際の利用シーンを見せたり、参加ハードルの低さを伝えたりすることで、サービスへの興味が高まると推測できます。

　ですから訴求する内容によって、顔出しを使い分けることで効果を高めることを狙いましょう。

5. アップテンポな曲を使ったほうが、最後まで見られやすい

　TikTokはエンタメ性の高い媒体ということもあり、テンポの速い曲が人気です。広告動画の場合もBPM120（1分間に120拍）以上の曲を使用すると、BPM120以下の曲を使用した場合に比べて、

- ・3秒再生率
- ・10秒再生率
- ・再生完了率

がいずれも高くなることが明らかになっています[2]。ちなみにBPM120は、いわゆるダンスミュージックのテンポだと捉えていただいておおよそOKです。

なお流行りの曲を使ったほうが、より効果が高くなるような気がしますが、それを実証するようなデータは現状、公式からは公開されていません。

6. 14日ごとにクリエイティブを更新する

どんなに素晴らしいクリエイティブでも、時間がたつと飽きられます。ですからクリエイティブの摩耗を防ぐために、一定期間で更新していくことはどの媒体でも重要です。

TikTokの場合、その期間が「14日」だと公式では発表されています。14日たつとクリエイティブの反応率が低くなる恐れがあるため、可能であれば14日を目安にクリエイティブを更新していきましょう。

COLUMN　インフルエンサーへのギャランティはいくら？

インフルエンサーへの支払いは、固定で支払うケースと、アフィリエイト（成果報酬）を支払うケースがあります。

影響力の高いインフルエンサーほど、固定のギャランティは高くなります。ちなみに相場は、「フォロワー数」×「単価1〜4円」と言われています。10万フォロワーのインフルエンサーにお願いする場合は、最低30万円は必要になるということです。

※2 同1。

第4章

動画広告の制作ステップ

動画広告制作のステップ

▶ 動画広告制作の各ステップでやるべきこと

まずは全体像をつかんでいただくために、ここでは制作から配信までの流れを大まかに説明します。

制作から配信までは大きく＜企画・制作フェーズ＞と＜配信・改善フェーズ＞に分かれます。まずは＜企画・制作フェーズ＞の流れから追っていきましょう。

1. 調査・企画

- 調査・分析：ここが企画の要になります。**いちばん時間をかけるフェーズです**
- 全体設計（プランニング）：調査・分析の結果をもとに全体の戦略と施策を設計します
- メディアプランニング：YouTubeなのかInstagramなのかなど、どの媒体で配信するかを決めます
- 動画の方向性決め：訴求軸の設計をします
- 表現方法の選定：撮影するのか、イラストを使うのかなどを決めます
- 全体スケジュールの確定（制作・配信・検証期間）

まず、調査に関しては、予算があれば調査会社へ依頼することができますが、予算が限られているケースもあります。そんな時に使える調査データのサイト（無料）をご紹介します。

1. 厚生労働省「統計情報・白書」

https://www.mhlw.go.jp/toukei_hakusho/index.html

2. e-Stat（政府統計の総合窓口）

https://www.e-stat.go.jp/

3. 総務省統計局

https://www.stat.go.jp/

4. 内閣府「統計情報・調査結果」

https://www.cao.go.jp/statistics/

上記のほか、マクロミルや、日経リサーチのような有名な調査会社が調査データをWeb上で公開しているケースもあります。「マクロミル SNS利用実態」などで知りたい内容と調査会社名を掛け合わせて検索すると出てくる場合もあります。クリエイティブ領域における企画の組み立て方は「調査・企画ですべきこと」でご説明します。

2. 構成案・ラフコンテ

動画のイメージを関係者間で共有するために、企画内容をもとに構成案・ラフコンテを作成します。具体的には訴求内容、表現方法、（ナレーションを入れる場合は）セリフ原稿などを決めます。

ラフコンテは手描きでもOKです。イメージが関係者に伝われば問題ありません。

3. 絵コンテ

ラフコンテですり合わせができたら、動画の完成イメージをより具体的に関係者と共有するため、ラフコンテをもとに絵コンテを作成します。具体的なイメージ写真やイラスト、コピーやナレーションのセリフなども、ここでフィックスさせます。

絵コンテは、主にイラストレーターやデザイナーがイメージ素材を作成・加工・編集するなどして作成するものです。正式な素材ではなくあくまで仮素材ではありますが、ある程度手間がかかります。いきなり絵コンテを作成し、その後で思ってたものとイメージがずれてた！なんてことになると、手戻りが大きくなります。そのためまずラフコンテを作成し、方向性をすりあわた上でデザイナーに絵コンテを作ってもらう、という段階を経ることが重要です。

4. 素材制作

絵コンテが決まったら、絵コンテをもとに動画に必要な素材を制作してほぼ揃えます。素材の例としてはイラスト、撮影、CG、ナレーション、BGMなどです。タレントが出演するなどロケが必要な場合は、撮影チームを組んで実施します。

5. 動画編集

絵コンテと素材をもとに、動画編集者が動画を作成します。

手戻りが少ないときで2回程度の修正で完成します（案件によって前後する場合があります）。

6. 納品

　完成したら、制作会社から動画のデータを納品してもらいます。最近では遠隔でやりとりできるデータ納品（例：mp4など）が一般的です。

　ここまでが＜企画・制作フェーズ＞です。次から＜配信・改善フェーズ＞に入ります。

7. 入稿審査・配信

　作った動画をそのまま配信できるかといえば、必ずしもそうではありません。**媒体（プラットフォーム）の「入稿審査」を受け無事にクリアしないと、配信開始とはならないのです。**

　完成した動画を入稿すると、媒体はその動画の内容や表現が媒体の規定をクリアしているかどうかを審査します。これが入稿審査です。

　審査は媒体の「広告規定」にそって行われます（規定は主に媒体社の公式ヘルプか媒体資料に記載されています）。使用してはいけない表現を使っていないか、ユーザーの誤解を招きやすい表現になっていないか、使用している素材が著作権を侵害していないかなど、媒体が独自に定めたポリシーに準拠しているかどうか確認されます。なお、薬事法や景品法など法的な規制については媒体審査のプロセスで一部含むことはありますが、最終的には広告主自身に遵守する責任があります。必要に応じて専門の法律顧問に助言を仰いだり、そもそもきわどい表現（例：「●●No.1！」、「確実に●●できます！」）は使わないなど、事前に法的リスクを回避するようにしましょう。

　審査は自動で行われる場合と手動で行われる場合があります。まずシステムで自動審査を行い、場合によっては（リスクの高いカテゴリに属する医療や金融など）手動で審査されることもあります。

通常、3〜5営業日ほどかけて媒体の入稿審査が行われ、OK となれば配信開始となります。しかし、まれに審査落ちすることがあります。その場合は媒体から差し戻しがあり、違反箇所と違反理由が伝えられます。ただし、報告が曖昧なときもあるので、その際は担当者が媒体に直接問い合わせる必要があります。

審査落ちするとクリエイティブを改善する手間もかかりますし、再度入稿審査を受けることになり、配信開始日が遅れます。こうした事態をできるだけ避けるために、動画制作前に、媒体の公式サイトで媒体規定を必ずチェックしておきましょう。

ちなみに、入稿審査は媒体が行う審査ですが、動画にタレントさんが登場している場合はタレント事務所へ事前に確認を行います。この事前確認では事務所の意向に沿っているか、事務所の規定に反した表現内容になっていないかがチェックされます。

8. 検証・考察

晴れて配信開始できたら、次は検証・考察です。配信して得られたデータ（数値）をもとに、クリエイティブ（動画）の勝ち傾向を考察します。そして考察をもとに改善案を作成します。

9. 改善

クリエイティブ改善案をもとに動画を修正します。修正した動画を配信し、改善の効果が出ているかも検証します。

以上が＜配信・改善フェーズ＞です。第2章でも述べたとおり、改善のスパイラルを回すことで動画広告の効果を最大化しましょう。

▼配信・改善における九つのフェーズ

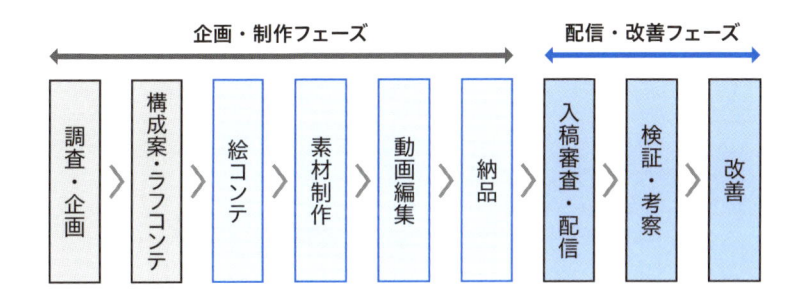

1サイクルの目安は3か月

　動画の内容や規模によっても異なりますが、全体の工程（企画・制作～配信・改善まで）の1サイクルを回すのに、目安として、最短で約3か月程かかります。各工程にどのくらいかかるかは、以下を参考にしてください。

1. 調査・企画：2週間～約1か月

2. 構成案・ラフコンテ：2週間

3. 絵コンテ：1週間

4. 素材制作：1～2週間

5. 動画編集：1～2週間

6. 納品：1営業日

7. 入稿審査・配信：審査に1週間、配信は1か月～

8. 検証・考察：1週間

9. 改善：1週間

　冒頭でお伝えしたように、**全工程のなかで、「調査と企画」が肝になります**。最初の設計ですべてが決まるといっても過言ではないため、ここにじっくり時間をかけましょう。ここに十分な時間をかけられるスケジュールを立てることが重要です。

31 調査・企画ですべきこと

Point!
- 「誰に」「何を」「どのように伝えるか」を明確にする
- ターゲットの明確化→訴求メッセージの決定
- 深く掘り下げて、ターゲットの解像度を上げよう

▶ 明確にする３点「誰に」「何を」のように伝えるか」

　前節で動画広告制作のステップを説明しました。ここからは、各工程でやるべきことを、詳細に見ていきます。ここではクリエイティブ領域において必要な内容をできるだけ単純化してポイントのみを説明します。

　調査・企画の工程でやるべきは、以下の3点を明確にすることです。

- ・「誰に」
- ・「何を」
- ・「どのように伝えるか」（どの媒体で流すか）

▼調査・企画で決めるべき三つのポイント

コミュニケーションの基本構造

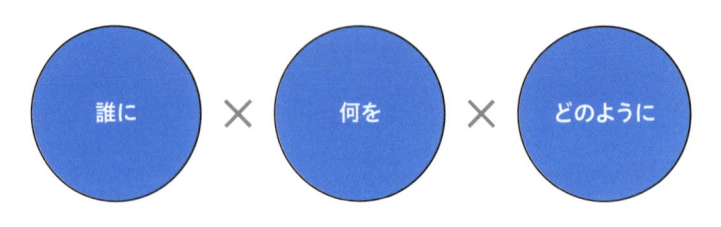

自社の商品に最もマッチするターゲットは誰で、
そのターゲットに何を、どのように（媒体）伝えていくのか?を
設計することが重要

便利さ？ おいしさ？ 栄養価？
ターゲットによって変わる訴求メッセージ

　ターゲットが明確でないと、訴求メッセージが曖昧になりターゲットに「自分ゴト化」してもらうことができません。反対にターゲットを明確にできれば、その人に合った訴求メッセージを投げかけることができ、より効果的な訴求ができるようになります。

　例をあげて説明しましょう。ダイエット目的で糖質制限をしている人に対して「手軽に食べられる低糖質食品」を訴求する場合、ターゲットの属性や目的によって、刺さりやすいメッセージが変わってきます。

・忙しい人には → 便利さをアピールする
・ダイエットしたい人には → おいしさをアピールする
・鍛えたい人には → 栄養価をアピールする

　ターゲットが男性なのか女性なのかによっても変わります。**できるだけ細かくターゲットを明確化しましょう。**

▼ **ターゲットによって異なるメッセージ**

同じ商材でも、ターゲットによって、刺さりやすいメッセージは異なる

①**忙しいニーズ**
夜遅くまで仕事
ワーキングマザーで子供がいて時間がない

簡単・手軽さを訴求
チンして簡単!低糖質で健康的な
食事が手軽に食べられる!

②**ダイエットニーズ**
体型が気になるけど甘いもの食べたい…
ダイエットで糖質抑えたいけど、食事選びが大変…
小腹がすいてちょっと間食したい…

おいしさ、プロが作った点を訴求
低糖質でもおいしい!?
プロが作った食事を自宅で!

③**鍛えるニーズ**
スリムでいたい(高タンパクな食事が欲しい)
ジム通いをしており、
食事内容の報告をしないといけない…

**高たんぱく・筋肉を
つけたい方向けという点を訴求**
低糖質・高たんぱく!
健康的に筋肉をつけたいあなたに!

ある調査会社の実例紹介
～モニター会員になるのは何のためかを掘り下げる

　弊社が実際に行った「調査・企画」の事例を紹介しましょう。依頼主はある調査会社（A社とします）で、アンケートを使ってさまざまな市場調査を行っています。調査の精度を上げるためにアンケートに答えてくれるモニター会員を増やしたいということで、弊社に動画広告の作成依頼がきました。

　早速、「調査・企画」をはじめました。まずA社に動画制作の背景を伺います。A社はこれまで主に主婦層をモニター会員として獲得していました。モニター会員のかたはアンケートに答えるとポイントがもらえます。これがモニター会員のインセンティブになるわけです。しかし主婦層はポイントへの意識がシビアなため、いったん登録してくれても、他社への乗り換えが頻繁に起こることが悩みのタネだったのです。

　そこでA社としては、アンケート意欲の高い20代後半の女性を新たに獲得したい、という希望を持っていました。ここまでを整理すると、A社へのヒアリングで以下の点がわかりました。

「誰に」
・20代後半女性
「何を」
・アンケートに答えるとポイントがもらえる

　ここで弊社が考えたのは、「20代後半女性」といっても広すぎるので、どんな20代後半女性なのか、ターゲットの解像度をさらに上げていくことです。

　たとえば働く女性であれば、業種はなにか？職種は事務なのか、営業なのか、技術職なのか？働き方は定時で帰る人なのか、終電まで働く人なのか？

どのような女性が今回のサービスにマッチするのかを見極めるために、弊社でも独自の調査を行いました。

調べていくうちに出てきたのは、ターゲットである20代後半女性が「本当にポイント目的で会員登録をするのだろうか？」という疑問です。私も試しにアンケートに答えてみると、1回のアンケートで項目は50〜100個あります。それほど労力のかかるアンケートなのに、1か月間複数のアンケートに頑張って答えても、5,000円分のポイントがもらえるかどうかといったところです。これだけ大変な作業をポイント獲得だけのためにするだろうか、というのが素直な感想でした。

そこで20代後半女性会社員の意識を調べていくと、20代後半女性の中でも、定時で帰れている女性はアフター5に「充実感」を求めているという記事が目に留まりました。たとえば、わざわざお金を払ってお弁当を開発する女性がいると記事に書かれています。

企業がお金を払って参加者の意見を聞いたり、何かのプロジェクトに参加してもらう、という話なら理解しやすいです。記事が示している実態はその逆で、自分がお金を払ってでも開発に参加したいという人がいる。そうした行動をとる彼女たちが欲しいのは、お金ではなく、日常ではできない「経験」だと考えられるのではないでしょうか。こうした調査から、20代後半女性のモニター会員をあらたに獲得する場合に、必ずしもポイントだけが動機付けにはならないと弊社では考えました。

我々が立てたターゲットの仮説はこうです。20代後半の女性のなかでも、定時に帰宅するものの特にハマっている趣味がなく、アフター5の過ごし方に悩んでいる女性。何かしら社会の役に立ちたい、充実感を得たいと思っている女性です。そうした女性にフォーカスし、彼女たちに響くようなメッセージを考えることにしました。

ここまでをまとめると、我々が設計したコミュニケーションの内容は以下になります。

「誰に」
・20代後半女性
・アフター5の過ごし方に悩んでいる
・何かしら社会の役に立ちたい、充実感を得たいと思っている

「何を」
・空いた時間を活用できる
・アンケートに答えるとポイントがもらえる
・あなたのアイデアが世の中のサービス開発に活かされる

⇒ポイントゲットという実利をアピールしつつも、自己実現や社会貢献の
　観点からアンケートに回答する意義があることを訴える

「どのように」(媒体)
・YouTubeを始めとした動画広告媒体

⇒ターゲティングして配信

　こうして作成した動画広告は、無事に結果を出すことができました。A社が希望していた、20代後半女性を中心としたモニター会員の増加につながり、CVR（会員登録率）も従来の10倍前後という高い数値となりました。

コミュニケーションの基本構造

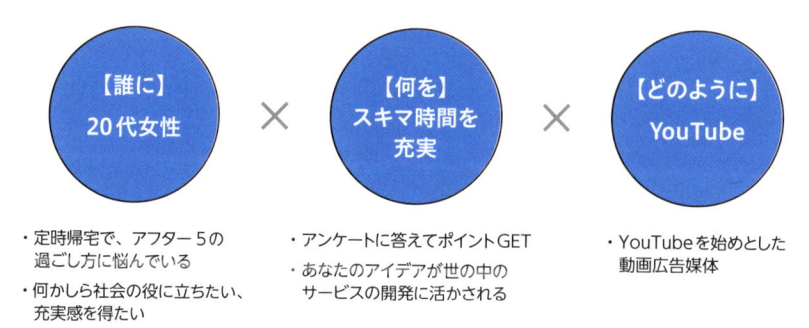

以上が、弊社がおこなった「調査・企画」の実例になります。実際の「調査・企画」フェーズはもっと複雑で分厚いものですが、ここでは内容をできるだけ単純化してポイントのみを説明しました。

動画広告の成果を出すためには、これまで解説してきたように、**得られた調査データや事実をもとにターゲットを明確にすることが重要です**。そのためにもターゲットのことを深く知ろうとする意識・努力を怠らないようにしましょう。

動画の構成を練る

Point!
- 動画は「ゴール」と「秒数」から決める
- なるべく全体尺は15秒以内、つかみは5秒で
- メッセージ→ビジュアルイメージを明確化

 設計書の作り方 ゴール→つかみ→中盤の順に

調査・企画によってターゲットと訴求メッセージの方向性が決まったら、次は動画の構成案（設計書）を作ります。

作成の順番とポイントは以下のとおりです。

1. 動画広告の「ゴール」と「秒数」を決める
2. 各時間軸に沿って訴求内容を落とし込む
3. それぞれの訴求内容に対してビジュアルイメージを明確化する

構成案を作る際には時間軸を意識します。**まず、動画の「ゴール＝ユーザーに起こしてほしい行動」と「秒数」を決めましょう。**

例えば「行動」なら「資料請求」や「ダウンロード」などです。広告計測の観点では動画のゴールは「クリック」となりますが、構成を考えるうえでは「ユーザーが資料請求するために伝えるべき内容」をゴールからブレイクダウンして考えていきます。

「秒数」については、媒体によって異なりますが、基本、短尺の15秒以内で構成を組むことが多いです。

次に「つかみ」です。動画は冒頭（YouTubeなら5秒以内、MetaやLINEなら3秒以内）が肝になります。ここで何を伝えるかを決めましょう。

それから、中間の「興味」「理解」「期待」のフェーズを決めましょう。ただし、この中間フェーズはこの段階では内容は仮でもOKです。各中間フェーズの秒数も仮でOKです。後工程（絵コンテや動画編集）で微調整できるので、ここでがっちり固めておく必要はありません。

ビジュアルイメージを明確化する段取りでは、テキストで説明するだけでなく、イメージを補足するような画像やイラストを使う場合もあります。**文字だけでは広告主に伝わりにくい場合は、手書きでOKですので、画像やイラストを用意しましょう。**イメージの共有が目的ですから、自由な形式で問題ありません。

なお構成案のフォーマットに決まりはありません。ご自身が使いやすい、そしてイメージを伝えやすい見せ方を優先してください。

▼動画の構成案を考える

	00:00 ❷ 00:02		00:05 ❸ 00:10		00:12 ❶ 00:15
フェーズ	つかみ	興味	理解	期待	行動
❹ 訴求内容	スキマ時間で女子力アップ	移動中のスキマ時間を利用して賢くポイントを稼ごう!	アンケートに答えて女子力アップ	あなたのアイデアが世の中のサービスに活かされる	登録はこちらスマホで簡単!
❺ 表現内容	コピー（スキマ時間で〜）とタレント女性	移動中にスマートフォンでアンケートに答える女性のシーンを見せる	スマホのアンケート画面を見せてアンケートに答える様子をイメージ	楽しそうな女性の表情とコピーをフェードイン	登録ボタンをタップするビジュアルを見せる
	イメージを補足する簡単な画像やイラスト（手書きでもOK）など。				

❶ まずゴールと秒数を決める
❷ 次に冒頭の"つかみ"を決める
❸ "つかみ"以降のフェーズは一旦仮でOK

❹ "フェーズ"の内容に沿って訴求内容をまとめる
❺ 最後にビジュアルイメージを決める

設計書の前の「下書き」は有効

　いきなり設計書の作成に入ることもあるのですが、弊社では事前にメモ帳やWordを使って、動画全体の流れをテキストに落としこむ作業をおこなうことが多いです。手書きでも問題ありません。いわゆる「下書き」です。

　いったん下書きをして、それを削ぎ落して設計書に落とし込むほうが、手戻りなく、質の高い設計書を完成させることができます。動画の台詞から考えやすい人ならば、まずは台詞を原稿に書き出すやり方も有効です。

 ## なるべく全体尺を15秒以内に

　中間フェーズの秒数は、設計書の段階では仮でOKだと先ほど説明しました。ただし、注意点があります。明らかに秒数内に入りきらない情報量やセリフを入れ込むと、全体の尺が15秒以内に収まらなくなる可能性が出てきます。

　そこで、設計書を作った後、**スマホのストップウォッチなどで測りながらセリフを実際に読んでみて、15秒以内に収まるかチェックしましょう**。収まらない場合は、優先度の低い情報からそぎ落として、なるべく15秒以内に収めてください。

ラフコンテを作成する

Point!
- ラフコンテは手描きでも OK。上手さより伝わりやすさ重視
- セリフ→カット割り→ビジュアルの順で固める
- 1秒6文字、1カット3秒、全5〜6カットが目安

 ## ラフコンテと絵コンテの違い

構成案が決まったら、次はラフコンテの作成に入ります。なお「ラフコンテ」の次には「絵コンテ」も作ります。この二つの違いから説明しましょう。

・ラフコンテ
構成案をもとにビジュアルイメージやレイアウトを落とし込んだものです。

絵コンテ以降の出戻りを少なくするために作るものなので、この段階では手描きや類似サンプルで OK です。動画イメージが関係者に伝わる表現方法であれば、簡単なもので問題ありません。この段階では、まだがっちり作り込まなくていいですよ、ということです。

・絵コンテ
ラフコンテをもとに、動画の完成イメージをより具体的に視覚化したものです。つまり、がっちり作り込むものです。

実際に動画で使用するイラストや写真、テロップの素材など、この段階で制作できる素材はすべてデザインし作成してください。トーンや色味だけでなく、テロップやナレーションのセリフなどもできるだけフィックスさせましょう。

第 4 章 動画広告の制作ステップ

▶ ラフコンテの作り方

ラフコンテはセリフ→カット割り→ビジュアルの順番に固めていきます。順に詳細を説明します。

1. セリフから決める

考えたセリフは言葉に出して、ストップウオッチで秒数を計りましょう。**目安は1秒で6文字（1分間で180文字）です。**人が目で追いかけられる情報量がこれくらいだと言われています。詰め込みすぎには注意してください。

2. カット割りを決める

セリフを決めたら、細かいカット割りを決めます。カット割りとは、シーンごとの構図、シーンとシーンのつなぎのことです。

目安は1カットに3秒までです。この数字に根拠となるデータがあるわけではありません。しかし経験上、3秒を超えると間延びする印象を受けるため、3秒以内を目安としてください。ただし、「あえてじっくり見せたい」というカットがあれば、3秒以上使っても問題ありません。

全体が15秒の動画の場合、**カット数はおおむね5〜6カット目安でまとめます**（CMなど、タレントの動きの演出等をすごく細かく落とし込む場合は、十数カット以上になることもあります）。カット数がそれ以上になると、ユーザーがついてこられなくなっていきます。カットが多すぎると、つまり詰め込み過ぎると伝わらなくなるので注意してください。

3. 絵の部分を作成

ラフコンテの段階では、絵の上手さはあまり重要視されません。重要視すべきはわかりやすさ、伝わりやすさです。また、テロップが入る場合は、ど

こに入るかが伝わるようなコンテを作りましょう。

▼ラフコンテの作り方

シーン	内容 ❷	画面／絵 ❸	セリフ／音 ❶	時間
シーン	冒頭で、商品名を認知	訴求コピー	○○マーケティングのアンケートに答えてスキマ時間を充実!	fps 0秒 + 3秒
カット				
シーン	ユーザーメリットを訴求	訴求コピー	ポイント貯めつつ	fps 3秒 + 5秒
カット				
シーン		訴求コピー	サービス開発に貢献できる	fps 5秒 + 7秒
カット				
シーン	利用時のイメージ	訴求コピー	スキマ時間にスマホから	fps 7秒 + 9秒
カット				
シーン		訴求コピー	アンケートに答えるだけ	fps 9秒 + 11秒
カット				
シーン		訴求コピー		fps 11秒 + 13秒
カット				
		合計時間（　　+　　）		

❶ セリフを決める
❷ カット割りを決める
❸ 絵の部分を作成

▶ 手描きで描く場合の便利な方法

　余談になりますが、手描きで書く場合はGoogleやPinterestなどで画像検索を活用すると便利です。キーワードを入力して画像検索し、イメージに近い画像の見本を探しておきます。その見本画像をなぞって描くと、伝わりやすい絵に仕上がります。Pinterestなどの画像サービスを参考にする手もあります。

　繰り返しになりますが、ラフコンテの段階で上手くきれいに描く必要はありません。ありもの素材を活用して、わかりやすいコンテを心がけましょう。

34 絵コンテを作成する際の注意点

Point!
- 絵コンテは、詰め込みすぎない、決めすぎない
- 動画広告は誘導先と一貫性を持たせる
- 既存素材を積極活用して、スケジュールの短縮を

▶ 絵コンテで「してはいけない」二つのこと

ラフコンテが決まったら、次は絵コンテの作成に入ります。絵コンテ作成時は以下の2点に注意します。

1. 一つのカットにメッセージを詰め込みすぎない

1カットでユーザーへ伝えることのできる情報量には限界があります。**詰め込みすぎて「何の動画かわからなかった……」とならないよう、最も伝えたいことを一つ決めておきましょう**。複数伝えたいことがある場合は「サブ」として優先順位を決めておきます。

2. 細かなアングルや表現まで決め込みすぎない

これは主に撮影に関する注意点です。演出や表現は制作現場で変わることがあります。その日の天候や、実際にタレントに現場に立ってもらったときの空気感などによって、この見せ方のほうがいいという判断が現場で下されることはよくあります。

そうした変更を視野に入れて、絵コンテでは「このカットで伝えたい内容（目的）」や「イメージ」だけを固めておくのが望ましいです。そしてより良い表現があれば、現場で柔軟に変更・対応しましょう。

そうした変更を最終決定するのは広告主です。動画ディレクターも意見は言いますが、最終的に決定を下せるよう、制作を依頼する際にも撮影現場にはできるだけ足を運びましょう。

　中には予算などの都合上、撮影現場に行けないという案件もあります。そのようなときは撮影現場での微調整については現場（制作側）で決めてもらってよいか、事前に確認しておきましょう。

動画広告と誘導先のランディングページは一貫性を持たせる

　動画広告の目的のひとつは、興味を持ったユーザーが動画をタップしてランディングページ（LP）に来ることです。しかし、ランディングページのトーンや訴求内容（コピーなど）が動画広告とかけ離れていると、違う商品やサービスのサイトかなと勘違いして、ユーザーが離脱してしまうリスクがあります。

　そうならないために、**動画とランディングページのデザインや訴求内容は合わせておきましょう**。そのほうが、成果が高まりやすいこともわかっています。

▼動画広告と誘導先のランディングページには一貫性を持たせる

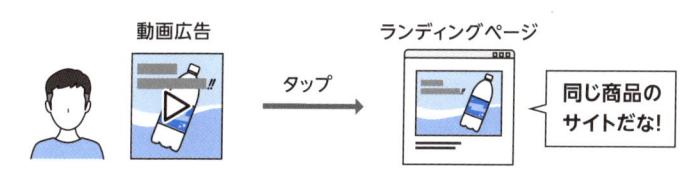

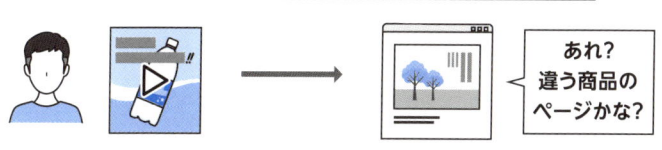

既存素材の有効活用でスケジュール短縮も

　絵コンテの段階で素材をすべて揃える必要がありますが、一からすべて作るのは大変です。**既存の素材をうまく有効活用することで、時間とコストを大幅カットできます。**

　たとえば企業がすでに作っているチラシのデータや撮影素材、Webサイトのデザインデータなどを、動画広告に使い回すこともあります。動画広告に流用できる素材がないか、社内で探してみてください。実際、既存素材をうまく活用し、通常1か月かかる制作期間を7日間に縮めることができた事例もあります。

▼**既存素材を有効活用する**

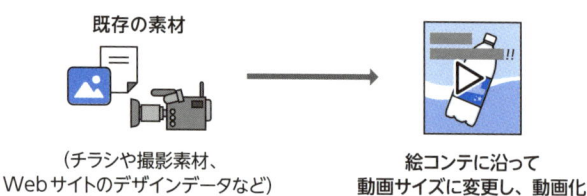

既存の素材

（チラシや撮影素材、
Webサイトのデザインデータなど）

絵コンテに沿って
動画サイズに変更し、動画化

制作期間を通常1か月→7日間に縮めた事例も

COLUMN　**こんなときはこんな表現……
表現の「型」を知っておこう**

よくある表現パターン（型）を使うことで、表現の幅が広がります。これらの「型」を必ず使う必要はないのですが、選択肢として知っておくと便利です。

・興味喚起をしたいとき → 比較・対照型（Before / After など）
・理解促進をしたいとき → プレゼン型（イラストやナレーションを使った説明）
・共感を得たいとき → ストーリー型（シーンを交え、背景や物語と伝える）

35 入稿審査の落とし穴

Point!
- 入稿審査をクリアするために、広告規定の確認は必須
- 媒体の広告規定は公式ヘルプや媒体資料から入手可能
- ランディングページにも広告規定は適用される

▶ トラブルなく配信をはじめるために 広告規定は必ずチェックする

「動画広告のステップ」で、「入稿審査」について説明しました。重要なポイントなのでこの節であらためて説明します。

動画が完成したらいよいよ配信先の媒体へ入稿します。ここで、動画が媒体先のポリシーに反してないか、媒体（配信先）によるクリエイティブ審査が入ります。これが入稿審査です。

入稿審査に落ちてしまうと、クリエイティブの修正と再入稿が必要となり、配信開始が遅れます。そうならないように、**事前に媒体の広告規定（ポリシー）を必ずチェックしておきましょう。**

具体例として、Google の動画広告専用ポリシーを一部抜粋して紹介します。これは公式に公開されている内容なので、ご自分でもチェックしてみてください。

1. 関連性が不透明でないか

宣伝するサービスや商品と、動画の内容に関連性があるかどうかをチェックします。

第4章 動画広告の制作ステップ

たとえば靴の広告なのに、靴とまったく関係のない動画が流れると、ユーザーは何の広告かわかりません。広告とすら思わないかもしれません。そうした動画は、Googleの判断で落とされる可能性があります。

2. 不明確なコンテンツではないか

容易に理解できる内容になっているかをチェックします。ユーザーにわかりやすいよう、動画には広告主や商品、サービス名や商品名、あるいはロゴを表示する必要があります。

3. 著作権に違反していないか

著作権で保護されたコンテンツを宣伝するには、その著作権を所有しているか、あるいは、コンテンツを宣伝する権限が法律的に認められている必要があります。

著作権を遵守するのは当たり前のことですが、まれに著作権侵害となる動画を作成し、入稿審査でそれが発覚するという事態が発生します。十分に確認の上、動画を作成しましょう。

 広告規定はここをチェックしよう

広告規定は媒体ごとに公開されています。写真を載せた事例なども紹介されているので、必ず目を通してください。各媒体の広告ポリシーについては、「●●（媒体名）広告ガイドライン」や「●●（媒体名）広告ポリシー」などで検索すると表示されることが多いです。広告運用を外部（インターネットの広告代理店など）に委託する場合は、代理店の担当者に遠慮せず相談するのが良いでしょう。

- **YouTube 広告の要件 - Google 広告ポリシー ヘルプ**

  https://support.google.com/adspolicy/answer/10249050?hl=ja

- **Meta 広告規定 | Meta ビジネスヘルプセンター**

  https://ja-jp.Facebook.com/business/help/488043719226449?
  id=434838534925385

- **X 広告ポリシー**

  https://business.x.com/ja/help/ads-policies.html

- **LINE 広告審査ガイドライン | LINE ヤフー for Business**

  https://www.lycbiz.com/jp/service/line-ads/guideline/

- **Ad Creatives and Landing Page | TikTok Advertising Policies**

  https://ads.tiktok.com/help/article/tiktok-advertising-policies-ad-
  creatives-landing-page

▼ **各媒体の禁止事項は公開されている（Google 広告ポリシーより）** [1]

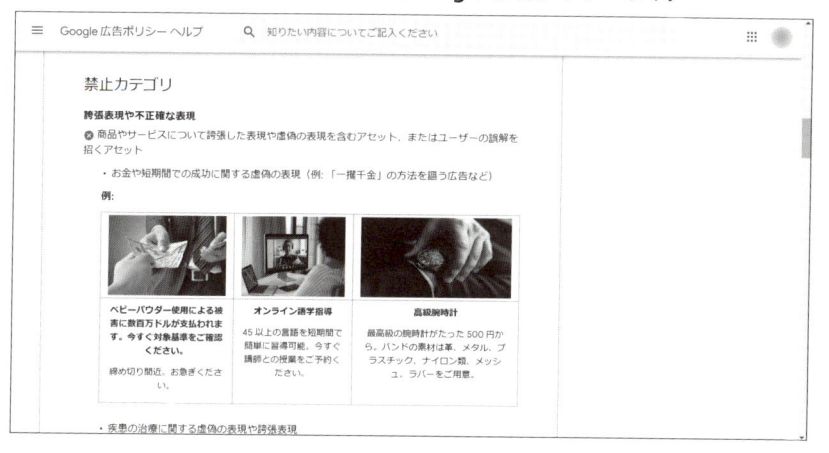

※1　YouTube 広告の要件 - Google 広告ポリシー ヘルプ
　　https://support.google.com/adspolicy/answer/10249050?hl=ja

ランディングページにも規定があるので注意

　動画だけでなく、誘導先のランディングページ（LP）についても、媒体規定が定められています。ランディングページを作る際にも、必ず事前に目を通しておきましょう。

　たとえばTikTokは、以下のようなランディングページに誘導することを禁止しています（一部を紹介）。

　　・期限切れ、誤り、作成中
　　・コンテンツや情報が不完全
　　・モバイル対応ではない（たとえばものすごく小さな画前や文字だと、落
　　　とされる可能性があります）

　TikTokに限らず、どの媒体のランディングページにも規定はあります。作ってから修正するのは大変なため、必ず確認の上（できれば構成段階で）、ランディングページを作成しましょう。

"当てすぎて" ウザがられないよう注意

Point!
- 広告を一人のユーザーに当てる上限設定が可能
- ただし、上限設定に正解はない
- 繰り返し見たものに関心を持つ「ザイオンス効果」も参考に

フリークエンシーキャップを設定する意味

前節で説明した入稿審査を通過すると、ついに配信開始となります。この節では配信時に検討すべきフリークエンシーキャップについて説明します。

一つの広告を1人のユーザーに対して何回も何回も表示する（当てる）とウザがられます。もう知ってるよ、興味もないよと思われてしまうのです。ユーザー側の立場に立てば、誰しも納得できる感情ではないでしょうか。

そうならないために設定するのが「**フリークエンシーキャップ**」です。フリークエンシーキャップとは「**一定の期間に1人のユーザーに対して、動画広告やディスプレイ広告を表示する回数**」です[1]。この回数を管理画面で設定することができます。ここに設定した回数以上広告は表示されないため、「1人のユーザーに対して広告を表示する"回数の上限"」とも言われます。

---

[1] フリークエンシー キャップ - Google 広告 ヘルプ
https://support.google.com/google-ads/answer/117579

フリークエンシーキャップの上限回数に正解はない

広告は、多く露出させることで、そのブランドや広告の認知度向上や購入意欲の向上につながることが明らかになっています。ある程度繰り返し当てないと興味を持たれず、効果が出ないということです。

しかし、露出させすぎると、ユーザーの反感・嫌悪感を買うリスクも高まります。動画広告の効果を出すことも大切ですが、同時に嫌がられないようにもしたい。そうしたときは「フリークエンシーキャップ」を設定し、上限回数を設けることになります。

では、何回が上限になるのか。フリークエンシーキャップの最適な回数を弊社でもよく聞かれますが、**残念ながら正解はありません**。

なぜなら、内的要因・外的要因含め、さまざまな要因が複雑に絡み合っているからです。内的要因には広告の目的や内容、企業・商材のブランド認知度（誰もが知ってる会社・商品か、そうでないか）があります。外的要因にはイベント、季節性、ボーナス時期などによって影響されるユーザーの需要度などがあります。

ですから、最適回数を一つに決めることはできないのですが、フリークエンシーキャップの回数を見極める上の目安はあるので参考にしてください。

Googleの公式ブログによれば、広告の接触頻度が週1回よりも週3回のほうが購買意欲、比較検討、ブランド認知、好意度すべてにおいて高い結果が出ています[2]。また、Googleのある検証データでは、接触頻度が6回くらい

※2 [ブログ記事] Google 広告 TrueView 広告のフリークエンシー推奨設定について - Google 広告 コミュニティ
https://support.google.com/google-ads/thread/4721437/

までは効果が高まりやすいという結果も出ています。あくまで目安ではありますが、3～6回という回数は覚えておいて意味のある数字だと思います。

とはいえ、繰り返しになりますがフリークエンシーキャップの回数に正解はありません。設定したとしても、その回数が妥当かどうかはわからないわけです。

であれば、設定せずに流し続けるというやり方も一つの選択としてあり得ます。効果があるかどうかがわからないフリークエンシーキャップを設定してもあまり意味がない、と考えるのも理には適ってはいるのです。

▶ フリークエンシーキャップの回数設定を下げると、費用が高くなることがある

動画広告の表示回数と広告費（コスト）の関係において注目すべき事例があります。**動画広告を週1回表示するより週3回表示したほうが、配信コストが安くなったという結果が出ているのです。**

多く表示したほうがコストが安くなるというのは、一見おかしな結果だと思われるかもしれません。なぜこのようなことが起こるか。表示回数に対応するターゲットの母数が関係していると推測されます。YouTubeでは広告を1回だけ表示できる機会のあるユーザー数（そこまでYouTubeを使わないライトユーザー）と、3回表示できる機会のあるユーザー数（それなりにYouTubeを使うユーザーやヘビーユーザー）を比べると、3回表示できる機会のあるユーザー数のほうが母数として多いだろうということです。

YouTubeを見る人は、週に複数回、1日に何度も動画を見たりします。つまりライトユーザーは少ないため、1回の表示設定にすると、その少ないユーザーを多くの広告主で取り合うことになるのです。その結果、競争が増し、

企業は高い金額で入札せざるを得なくなる。こうした理由によって、1回の設定にすると3回の場合より、入札単価が高くなってしまうとうことです[3]。

普通に考えて、動画広告をたくさん見たいというユーザーはほとんどいないと思われます。ですから、フリークエンシーキャップを下げる方がいいのではないかと、考えがちです。

しかし、コスト効率を意識するのであれば、必ずしもそうではありません。フリークエンシーキャップの設定回数とコストの関係を考えると、フリークエンシーキャップの回数を設定しない、あるいは6回など高めに設定するほうが効率は良くなります。

 設定回数はあくまで上限、それ以下になる場合も

誤解のないようにお伝えしておきますと、フリークエンシーキャップを設定したとしても、必ずしもその回数通りに動画広告が表示されるわけではありません。設定回数はあくまで回数の上限数だからです。

フリークエンシーキャップを3回に設定した場合、実際に広告が表示される回数は「3回まで」となります。1回のユーザーもいれば、2回のユーザーもいるということです。

また、そもそも広告の内容がマイナスイメージなものになっていた場合、接触頻度が増すほど逆効果となります。これも前提として知っておいてください。

※3 同2

ザイオンス効果が示す上限回数

　広告の表示回数が人に与える影響を考えるとき、よく参考に出される議論があります。余談になりますが、それを説明しておきましょう。

　「単純接触効果」、別名「**ザイオンス効果**」を聞いたことのある方は多いのではないでしょうか。**人は繰り返し接触したものに対して次第に警戒心が薄れ、好感度や関心度が高まるという効果です**。ポーランド出身の心理学者ロバート・ザイオンス氏の論文によって発表されました。

　わかりやすい例がテレビCMです。CMをテレビで何回も流すことで、ユーザーはCMで見た商品との接点が増え、無意識のうちにその商品に対してプラスのイメージを持つようになることがわかっています。

　たとえばコンビニでも、人は見たことのない商品より、CMで見た商品を手に取りやすいものです。まったく知らない人からものを買うよりも、知っている人から買うほうが安心するものですが、その心理に似ています。

　このザイオンス効果によると接触頻度は10回がピークで、10回を超えると見た人の印象に影響を与えなくなると言われています。10回以上見ても、好感度や関心がそれ以上高まることはないということです。知っていると役立つ数字です。

 37 SNS炎上を 未然に防ぐには

Point!
- タレントの過去の発言がきっかけで炎上するケースが増加
- 内容より過去の発言がきっかけになるケースも
- 炎上後の行動指針を決めておこう

タレントの過去の発言がきっかけで 炎上するケースが増加

動画は炎上しやすい。SNSは炎上の起爆剤になりやすい。この二つを組み合わせた「動画×SNS」はものすごく相性が良いぶん、炎上しやすいというリスクがあります。

動画の炎上例は枚挙にいとまがありません。**たとえば企業がCMに起用したタレントの過去の不適切発言やモラルに反した行為などが掘り起こされ、SNS上で不買行動や 解約運動のハッシュタグが拡散され炎上する……という事件がたびたび起こっています。**炎上によって企業側が実際にCMを取り下げるケースもありました。

いまや、広告を発信する企業側は、内容はもちろんのこと、そのタレントを起用する理由や意義をユーザーに説明する責任（アカウンタビリティ）がこれまで以上に求められています。

ファンだけでなく、大衆が見ることを意識する

炎上リスクを最小限におさえるために、動画広告を作成する際は炎上する理由や背景をしっかり理解し、また炎上した際の対策も考えておきましょう。

「一般社団法人デジタル・クライシス総合研究所による最新の炎上事案分析」よると、2023年の炎上理由で一番多かったのは「特定の層を不快にさせる」で、76.5％を占めています。

不快にさせる内容としては「法令等、規範に反した行為ではないものの、他者を不快にさせる行為、問題行動、問題発言、差別、偏見、SNS運用関連など」とあり、これらが炎上のトリガーになることがわかります。視聴者への配慮が何より大切だということです[1]。

続いて問題行動の主体は誰なのかを見ていくと、「著名人」「一般人」の割合が65.9％を占めます。簡単に言えば、タレントは炎上しやすいということが、この調査結果から見てとれます。

また、この調査のアドバイザーである国際大学グローバル・コミュニケーション・センター准教授の山口真一氏は、炎上の主たる拡散源としてインフルエンサーが台頭してきている点にも言及しています。

今やインフルエンサーは大きな影響力を持っています。そのため、インフルエンサーを起用する際も過去の投稿内容や発言・評判などを吟味し、炎上リスクを理解したうえで起用を検討することをおすすめします。

動画の内容についていえば、インフルエンサーの普段のSNS投稿は、主にインフルエンサーのフォロワーやファンが見ます。ゆえに、インフルエンサーに批判的な声を挙げる人は、それほど多くないと考えられます。

※1　炎上事案分析データ2024年4月版（調査対象期間：2024年4月1日〜2024年4月30日）｜シエンプレ株式会社
　- 唯一のデジタル・クライシス&サイレントクレーム対策会社
　https://www.siemple.co.jp/article/enjou_case_analysis/enjou_report_202404/

対してプロモーション動画は、企業側もより多くの人に見てもらいたいと思うことから、自社サイトや公式SNSでインフルエンサーとの取り組みを紹介するケースがあります。つまり、見るのはインフルエンサーのフォロワーやファンだけに限りません。また、インフルエンサーの投稿がきっかけで二次拡散することもあります。こうしたケースでもインフルエンサーのファン以外の多くの人の目に触れることになります。

　ですから、**ファンといった一部の人たちではなく、「大衆」というマスが見た際に不快と感じる表現や行動が含まれていないか、という視点で動画内容を確認する必要があります**。偏った価値観の内容がないか、一部の人にとっては面白く感じられても多くの人にとっては不快に感じる表現がないかなど、注意深くチェックしてください。

　余談になりますが、最近では歌手デビューするユーチューバーも珍しくありません。ユーチューバーとしてのみ活動しているときは、主にファンが見ているので炎上することはなかった人でも、歌を出して大衆の目に触れるとクレームなどが増える、という話を聞いたことがあります。芸人もメジャーになるとアンチが増えていく、という現象と同じです。

　ターゲットを絞って動画広告を作成しても、SNSで配信する以上、誰が見るかわかりません。世界中の誰もが見られるプラットフォームに載ることを十分に意識して、動画制作をしてください。

 ## 炎上はBtoC業界で多く起きている

　次に、どの業界で炎上が起きているのかを見ていきましょう。ある調査によると、炎上発生件数が最も多いのは「メディア業界」で、137件に上っています。次いで「娯楽・レジャー業界」で、136件でした。その下には飲食、政

治、教育、小売・卸、芸能、食品と続きます。

　この結果から、炎上は一般消費者と距離の近い BtoC の業界で多く発生する傾向が見られると言えます。やはり、大衆相手には注意が必要です。こうした業界を扱う場合は、より注意してください。

炎上対策おすすめチェックリスト

　炎上の具体的な対策として、「チェックリスト」の活用が有効です。動画作成前にチェックリストを決めておきましょう。

　自分に悪気はなくても、見る人を不快な思いにさせてしまう表現になっていたり、傷つけてしまう描写になっていたりすることはあります。どんな人も、自分の視点や価値観だけでは、なかなか気づけないものです。異なる性別、年代の立場で確認するためにも、表現のチェックリストを積極的に活用するようにしましょう。

　ネットで検索すると、たくさんのチェックリストが出てきます。その中でもおすすめのチェックシートが埼玉県県民生活部男女共同参画課「男女共同参画の視点から考える表現ガイド 〜よりよい公的広報をめざして〜」です。

　これは男女共同参画推進の視点で作成されたチェックシートです。近年テレビCMやインターネット動画広告で描かれる男女像や家族像が、SNSなどを通じて批判される事例が相次いでいます。そうした事情を踏まえ、主に広告における男女や家族の描かれ方について、多様性を尊重する表現のあり方について考えた取り組みの中で作成されたチェックシートです。ぜひ一度、活用してみてください。

・男女共同参画の視点から考える表現ガイド - 埼玉県

https://www.pref.saitama.lg.jp/documents/64903/p13.pdf

炎上したら「8時間以内」の対応が必須。炎上後の対応指針

どれだけ炎上に注意しても、リスクをゼロにすることはできません。リスクというのは本質的にそういったものです。炎上しないに越したことはありませんが、ひとたび炎上してしまったら、炎上後の「対応」によってその影響を最小限にとどめる努力が必要です。

一般社団法人日本リスクコミュニケーション協会代表理事の大杉春子氏によると、SNS上で情報が瞬く間に拡散する昨今、「炎上発生後、8時間以内に最初の対応が必要」です。企業が何かしらの一時行動を起こさないと、炎上がさらなる炎上をよび、膨らんでいきます。早急な対応が必須です。

対応というのは多くの場合、企業からの説明になります。タレント起因で炎上しているのであれば、なぜそのタレントを起用したのかを企業として説明する必要があります。

とはいえ8時間以内に対応するためには、炎上が起こってから対応を考えるのでは、ほとんどの場合遅いです。**事前にある程度、炎上した際の行動指針を決めて、社内へ周知しておくことが大切です。**

行動指針の一例を以下に紹介します。

・炎上発見時の社内の報告フローを決めておく

（例）発見者→上長など

炎上すると担当者はどうしたって焦ります。早く対応しなければ、ユーザー

に謝らなければ、と思うものですが、個人の判断で行動するのは絶対に避けてください。企業としての返答内容を協議し、発表することが重要です。

・「モニタリング」体制を構築しておく
（例）SNSを目視で定期的にパトロールする担当を決めておく。

炎上は早期発見が大事です。ただし広告が増えていくと、人が監視するのは大変です。モニタリングツールの活用を検討しておくのも有効です（SNS上の口コミを調査・分析してくれるツールなど）。その分、費用は必要になります。

・炎上時の「してはいけないこと」をあらかじめ決め、明文化しておく

・タレントを起用した場合は、起用した理由や意義について事前に明文化しておく

社内でSNSのガイドラインを策定するにあたり、企業によっては「ソーシャルメディアの利用に関する行動指針」をHP上で公開しています。これらを参考にするのもよいでしょう。「ソーシャルメディアの利用に関する行動指針」で検索すると公開している企業のWebサイトがヒットします。下記はその一例です。ぜひ、参照してみてください。

・ソーシャルメディアの利用に関する行動指針 | CSR活動 | サステナビリティ | キヤノンマーケティングジャパン株式会社
https://corporate.canon.jp/sustainability/management/socialmedia/guideline

・株式会社TBC ソーシャルメディアガイドライン | 株式会社TBC
https://www.tbc-inc.co.jp/sm_guideline_detail.html

炎上について学ぶ方法

SNSを使う以上、炎上対策は避けて通れません。炎上対策について学ぶ方法を以下に紹介しておきます。

- SNSリスクマネジメント検定とは | 一般社団法人SNSエキスパート協会 | 企業・団体のSNS活用に特化した教育プログラム
  https://www.snsexpert.jp/sns-risk-management/

- 正しく活用！SNS炎上予防コース | JMAM日本能率協会マネジメントセンター | 個人学習と研修で人材育成を支援する
  https://www.jmam.co.jp/hrm/course/elearning_lib/vmp.html

- 「防げる炎上」はある！炎上を未然に防ぎたいときの行動指針＆チェックリスト（前編）| 攻めるために守る！知っておきたい「守りのSNSマーケティング」＝「SNSリスクマネジメント」| Web担当者Forum
  https://webtan.impress.co.jp/e/2020/12/18/38393

予算が許される場合は、専門家に依頼するのが安心です。専門会社に頼めば未然の炎上対策だけでなく、炎上した際の対策まで支援してくれます。予算と相談の上、検討してみてください。

- 風評被害対策のシエンプレ株式会社 - 唯一のデジタル・クライシス＆サイレントクレーム対策会社
  https://www.siemple.co.jp/
  ※一般社団法人デジタル・クライシス総合研究所の運営元

- コムニコ マーケティングスイート | SNSアカウント運用管理ツール
  https://www.comnico.jp/products/cms/jp

38 計測するまでが動画広告

Point!
- クリエイティブの結果を検証して改善に活かす
- 配信結果から仮説を立てて改善点をクリアに
- 検証できるように、必ず複数本配信してテストすること

 ## クリエイティブの結果を検証して改善に活かす

　動画広告を配信したら、おおよそ1～2週間である程度の傾向が見えてきます。この段階で重要なのが、**配信後の数値が良かったクリエイティブと悪かったクリエイティブを見比べて、なぜそれがよかったのか？を検証・考察することです。**この検証・考察がさらに成果を高めるクリエイティブの改善案につながります。

　代理店や制作会社のなかには、数値結果だけをレポートにしてクライアント（広告主）に提出する担当者がいます。しかしクライアントとしては、数値を見ることも大事ですが、それ以上に「なぜそういう結果になったのか」が重要です（実際に、私もよくクライアントに聞かれます）。

　ですから配信数値をもとに検証・考察をするために、その内容を制作会社などに聞くようにしてください。同時に、それをクリエイティブの改善に活かしましょう。改善したクリエイティブの配信後、再び検証・考察をします。この繰り返しによって、検証・考察の精度もブラッシュアップしていくはずです。

第4章

動画広告の制作ステップ

配信結果から仮説を立て、改善点をクリアにする

　具体的にどのように検証・考察するのかを説明しましょう。たとえば、30〜40代の男女向けに、食品セットをネット販売している企業があるとします。その企業が二つの広告を配信しました。

A ハンバーグの広告
B チキン南蛮の広告

　その結果、Aには良い数値結果が、Bには悪い（Aより低い）数値結果が出ました。ターゲットの反応を詳しく見ていくと、以下のことがわかりました。

Aは女性からの反応率が高く、母数も多い
Bは男性からの反応率が高い。母数としては全体の一部

　これらの結果を踏まえると以下のように考察できます。簡単に調理できる（温めるだけの）食品セットをネットで頼むのは、食事を作る時間が十分にとれずに困っている主婦の方が多いだろうと、ターゲットの反応から想定されます。そして、そうした忙しい主婦の方に選ばれやすいのは、子どもが食べやすく、好みそうなメニューだろうということも想像できます。

▼配信結果から仮説を立てる

A：ハンバーグ

女性からの反応率が高く、
母数も多い

B：チキン南蛮

男性からの反応率が高く、
母数としては全体の一部

食事を作る時間がなくて困っている主婦のかたが多く、
子どもが食べやすい食べ物が選ばれやすいことが想定される

この考察を踏まえると、どのようにクリエイティブを改善したらよいかがクリアになります。まず、次回以降のターゲットは子どもがいる主婦の方に絞ります。そして動画のクリエイティブは、子どもに向けたレシピやコピーを全面に押し出す内容にします。**考察を踏まえて改善したクリエイティブを配信することで、Aよりも効果の高い効果が期待できます。**

 検証できるように、必ず複数本配信してテストすること

ただし、このような考察を加えるには大前提があります。これまで繰り返しお伝えしてきたことなので「またか」と思われるかもしれませんが、大事なことなの再度言わせてください。動画広告を複数本配信していないと、AかBかといった比較がそもそも不可能です。**動画を配信する際は、検証・考察のためにも複数本動画を作成し、配信することが重要です。**

第4章 動画広告の制作ステップ

COLUMN　フォーマットを活用して動画を制作する

動画の企画、構成、ラフコンテの制作にあたっては、フォーマットを活用すると便利です。下記のURLから弊社が利用するヒアリングシートとフォーマットをご利用いただけます。

内容を埋めることで動画の方向性を整理できるので、31〜33節の内容も参考に是非ご活用ください。

https://gihyo.jp/book/2024/978-4-297-14498-2/support

よくある質問

**店全体を紹介するより、
アイテムに絞ったほうが良いですか？**

A 目的により変わりますが、
アイテムを紹介するケースが多いです

　動画広告は冒頭の2〜3秒でユーザーに興味を持ってもらうことが重要です。そのため、ユーザーが欲しいか欲しくないかがわかりやすいアイテムに絞って訴求するケースが多いです。弊社の取引先である大手小売りスーパーでも、基本はアイテムに絞って動画広告を展開しています。

　一方、採用目的の場合や、すでにお店のことを知っている人に他社との違いやこだわりをより詳しく知ってもらいたいときなど、店全体を訴求するケースもあります。

　このように、目的によって使い分けることが重要です。

 おおよその制作費用はいくらですか？

 A 5万円〜、内容によっては100万円以上です

　動画の制作費は「素材の有無」によって大きく分かれます。

素材がある場合：5〜50万円

　・主に、既存素材を活用した動画編集のみ（スライドショーや簡易的なア
　　ニメーション）

素材を作る場合：50〜100万円

　・企画立案

・簡易撮影（2カメラ）

・編集

・アニメーション

ロケ撮影・タレントあり：100万円〜

・企画立案

・撮影（2カメラ）

・編集（縦横2タイプ、アニメーション挿入など）

・MA

・キャスティング対応

※タレントや制作内容により変動、有名タレントを使うと1,000万円以上になる場合も

　ここで説明したのは制作会社などに支払う制作費用です。すでに説明したように、これとは別に、広告費用が必要になります（「動画広告にどれだけ予算を割くべきか」参照）。

 動画広告を制作する際の注意点を教えてください

 媒体によって作り方・審査内容が異なる点に注意してください

　配信する媒体によって、動画の作り方や広告のガイドラインが異なります（詳細は第3・4章をご確認ください）。

　一般的に動画広告では冒頭5秒以内でつかむことが重要ですが、媒体によっては冒頭2秒が大事になります。各媒体のフォーマット・サイズも網羅するようにしましょう。縦、横、スクエアとすべての広告フォーマット・サイズで配信し、最適化をすることが推奨されます。

また、審査落ちしないために、媒体規定の理解・チェックを怠らないようにしましょう。炎上対策として表現チェックシートを活用するのもよいでしょう。

 Q **KPIの決め方は？**

 A 広告の目的を明確にして、それに合わせて設計します

KPI（Key Performance Indicator）とは、簡単にいえば達成したい「ゴール」です。日本語では「重要業績評価指標」と訳されます。Web広告においては動画の再生回数、クリック数、コンバージョン数、顧客獲得単価（CPA）などをKPIとして設定するケースが多いです。

何を目的にするかによって、KPIは変わります。ということは、目的が曖昧だとKPIも曖昧にならざるをえません。まずは広告の目的を明確にして、その目的に沿ったKPIを設定しましょう。

広告の目的は大きく「認知」「比較検討」「行動」の三つに分類されます。それぞれの目的別の主なKPIを紹介しますので、参考にしてみてください。

認知

- 動画の再生回数
- インプレッション（広告の表示回数）

比較検討

- クリック率
- 動画の視聴完了率

行動（購入など）

- コンバージョン（CV）
- コンバージョン率（CVR）
- 顧客獲得単価（CPA）

※顧客獲得目的の場合はCPAを重視するケースが多い

　広告の目的を三つ挙げましたが、多くの場合、Web動画の目的は「認知」か「行動」になります。認知を目的にする企業はインプレッションを稼ごうとしますし、ものを売りたい通販系の企業ではCPAを気にするケースが多いです。

 動画制作を外部に委託する際に注意すべきことは？

 動画広告を実施する「目的」や「背景」を明確に伝えてください

　動画広告を実施する目的や課題が関係者間（社内外）で正しく共有されてないと、制作物もずれたものが出来上がってしまいます。弊社が参加したコンペでも、担当者と決裁者（社長）に認識のズレがあり、提案とオリエンテーションをやり直すということがありました。この事例のように、社内間でも担当者と上司の間で目的や課題の認識が異なるケースがあります。外部に委託する際は、手戻りを少なくするためにも、社内で認識をすり合わせてから委託するようにしましょう。

Q 摩耗対策のためクリエイティブを
入れ替えた方が良いタイミングは？

A おおよそ2週間～1か月です

　クリエイティブを入れ替えるタイミングは、配信後、おおよそ2週間～1か月を目安と考えておくとよいでしょう。

　何度もご説明したように、クリエイティブのPDCAを回すには時間が必要です。配信後データをため、その結果をもとに分析・考察をして、改善案を出し、クリエイティブを作り直して再配信するという工程を踏むためです。早くて2週間から、理想的には1か月間くらいをかけるのが無難です。

　この期間は広告費によっても変わります。多くの費用を投下すればデータがたまりやすく、2週間程度で最適化が進みます。一方、広告費が少ないとデータ取得に時間がかかります。CPAを重視するシビアな例では、1週間程度でクリエイティブを入れ替えていく場合もあります。

　なおインプレッション数に注目すると、Meta社の媒体で配信していた広告のインプレッションが50万回（金額に換算すると50～60万円の広告費）を達成したころから、パフォーマンスが鈍化したケースがありました。

 Q 動画広告で「留め画」を使用する際に
注意したいポイントは？

A 訴求要素を媒体のセーフティゾーン内に配置します

　留め画とは動画の下部などに設置する静止画のことです。動画のサイズを横長からスクエア・縦長に変更するとき、本来はクリエイティブの修正が多少は必要になります。しかし、修正のためのコストや時間が取れないときに

使用するのが留め画です。留め画がないと、サイズ変更によってアキの出る箇所（上下）が黒く表示されます。黒くなってしまう部分を有効活用するために、留め画を表示します。

▼ 留め絵

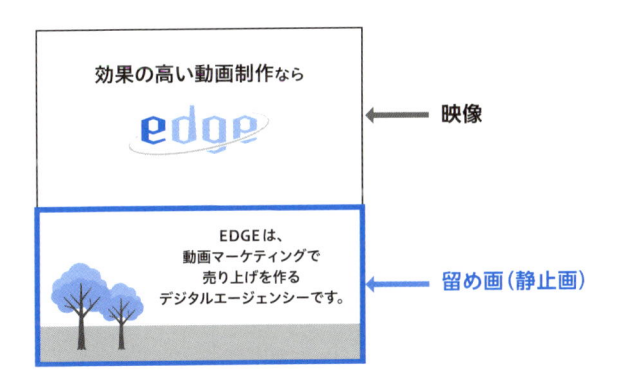

効果の高い動画制作なら
edge

← 映像

EDGEは、
動画マーケティングで
売り上げを作る
デジタルエージェンシーです。

← 留め画（静止画）

　留め画を作るのは簡単なのでぜひ使っていただきたい手法ですが、注意点があります。媒体ごとに「セーフティゾーン」があるので、重要な訴求要素はセーフティゾーン内に表示してください。

YouTubeの縦型動画（9:16）のセーフティゾーン

　媒体の仕様によって、スキップアド（広告をスキップするボタン）などが入ってくるゾーンがあります。YouTubeの縦型動画の場合、上10%・下25%がそのゾーンです。ここはトリミングされてしまう可能性があります（正確にはカットされるのではなく、スキップアドが重なり文字が読みづらくなる可能性があります）。この領域には大事なテロップやキャッチなどが重ならいようにしましょう。上10%・下25%を除いた中心部＝セーフティゾーンに、重要な訴求要素をおさめてください。

最初の広告インプレッション時に
上下の一部がトリミングされる

　なお、YouTubeをテレビ画面で見るケースも増えています。特に横長サイズに関しては、テレビ画面でのセーフティゾーンを意識したつくりをしましょう。

▼テレビ画面でのセーフティゾーン

YouTubeの場合はテレビ画面でのセーフティゾーンも意識

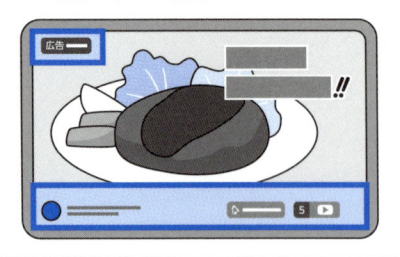

訴求要素が赤枠の箇所にかぶらないように制作

　YouTubeではブランド表示オプションを付けると、動画下部にシャドウがかかります。左下にチャンネルロゴ、広告見出し、表示URLが掲載されます。シャドウ部分は文字が見にくくなるので、この部分には、訴求要素は置かないようにしてください。

TVCMとYouTubeの広告は、作り方が異なりますか？

A 異なります

　YouTubeが広く認知された今でもしばしば聞かれる質問です。大手の広告主が多いですが、TVCMで作った素材をYouTubeにも流すケースがあります。Googleのデータでも、TVにだけ流すのとTVとYouTube両方に流すのとでは、両方に流した方が認知効果は高まるという結果が出ています。TVだけではリーチできない層にも、YouTubeではリーチできるからです。

　単純にリーチ数を増やすことを目的にした場合は、上記のようにTVCM素材ををYouTubeから流す場合もあります。ただし、CMを見て興味を持った人を購入に結び付けたいなど、より具体的な効果を狙う場合はYouTube用に動画を作り変えるほうがよいです。たとえばYouTube動画には購入サイトへの誘導の文言を入れるとか、ある年代にターゲティングを絞るなどです。YouTubeの特性を活かした動画にするほうが、効果は高くなると考えられます。

索引

A

Amplify スポンサーシップ ……… 64
Amplify プレロール ………… 63

C

CTA ……………… 51, 52, 94, 117

D

DOOH …………………… 76

F

Facebook ………………… 38, 47
 - クリエイティブのポイント …… 116
 - メディア特性 ………………… 116
 - 利用率 ……………………… 9
Facebook ストーリーズ ………… 52
Facebook フィード ……………… 51

G

Google アカウントマネージャー … 86
Google アナリティクス ………… 85

I

Instagram ………………… 39, 47, 57
 - クリエイティブのポイント …… 119
 - セーフゾーン ………………… 54
 - 動画広告メニュー ………… 58, 61
 - メディア特性 ………………… 119
 - 利用率 ……………………… 9
Instagram ストーリーズ ……… 54, 59
Instagram フィード …………… 53, 58
Instagram リール ……………… 54, 60

K

KPI ……………………… 182

L

LINE ……………………… 39, 66
 - クリエイティブのポイント …… 127
 - 最適化 ……………………… 68
 - 配信面 ……………………… 66
 - フォーマット ………………… 67
 - 予算 ………………………… 68

M

Meta 広告 ……………………… 47
 - 広告の目的 ………………… 48, 55
 - 最適化 ……………………… 56
 - 予算 ………………………… 56

O

OOH ……………………… 75
 - クリエイティブの注意点 …… 77
 - 費用 ………………………… 76

S

Search Console ………………… 85

T

TikTok ……………………… 20, 40, 69
 - ギャランティ ………………… 136
 - クリエイティブのポイント …… 133
 - 広告費 ……………………… 74
 - 広告メニュー ………………… 71
 - 出稿操作 ……………………… 72
 - 長尺化 ……………………… 71
 - 配信期間 ……………………… 74
 - メディア特性 ………………… 132
 - 利用率 ……………………… 9
TVCM ……………………… 12, 187

V

VOOM …………………………………… 67

X

X ……………………………………… 39, 62
　- クリエイティブのポイント … 123
　- 出稿場所 ……………………………… 63
　- ターゲティング機能 ……………… 62
　- テキスト ……………………………… 65
　- メディア特性 ……………………… 123
　- 利用率 ………………………………… 9
X Amplify ………………………………… 63

Y

YouTube ……………………………… 38, 43
　- クリエイティブのポイント … 112
　- 縦型動画のセーフティゾーン … 185
　- テレビ画面のセーフティゾーン … 186
　- 動画広告メニュー ……………… 43, 44
　- 配信期間 ……………………………… 46
　- メディア特性 ……………………… 112
　- 利用率 ………………………………… 8

Z

Z世代 …………………………………… 20

あ

アウトストリーム広告 ……… 32, 33, 35
アスペクト比 ………………………… 19
アンケート …………………………… 87

い

インストリーム広告 ……………… 31, 35
インタースティシャル広告 ………… 34
インバナー広告 ……………………… 34
インフィード広告 ………………… 34, 36

インリード広告 ……………………… 34

え

絵 ……………………………………… 154
映像素材 ……………………………… 100
絵コンテ ……………… 25, 140, 153, 156
　- 注意点 ……………………………… 156
炎上 …………………………………… 168
　- 対応指針 …………………………… 172
　- 対策 ………………………… 171, 174
　- 分析 ………………………… 169, 170

お

オークション型 ……………………… 71
オリエンシート ……………………… 104
音声素材 ……………………………… 101

か

改善 …………………………………… 142
外部委託 ……………………………… 103
　- 制作体制 …………………………… 108
　- 注意点 ……………………………… 183
　- ポイント …………………………… 107
　- 見積り ……………………………… 109
画像素材 ……………………………… 101
カット割り …………………………… 154
間接効果 ……………………………… 84
　- 測定方法 …………………………… 85

き

企画 ……………………………… 22, 23
企画・制作フェーズ ………………… 138

け

検索連動型広告 ……………………… 29
検証・考察 ………………… 142, 175

- 例 …………………………………… 176
検証設計 ………………………… 22, 25

こ

広告規定 ……………………… 141, 160
広告シミュレーション ……………… 24
広告費 ………………… 10, 41, 98
構成 …………………………… 24, 139
- 工程 ………………………… 150
交通サイネージ ……………………… 77

さ

サーチリフト調査 …………………… 85
ザイオンス効果 …………………… 167

し

下書き …………………………… 152
自分ゴト化 ………………………… 80
- 例 ……………………………… 81
消費行動 …………………………… 79
ショート動画 ……………………… 20

せ

制作設計 ……………………… 22, 24
制作費 ……………… 98, 99, 180
- 内訳 …………………………… 100
セーフゾーン ……………………… 54
セーフティゾーン ………………… 185
セリフ …………………………… 154
全体設計 …………………………… 22

そ

訴求メッセージ ……………… 93, 145
素材制作 ………………………… 140

た

ターゲティング …………… 9, 14, 80
ターゲティング内容 ……………… 24
態度変容 ……………………………… 9
タイムラインテイクオーバー ……… 64
タクシー広告 ………………… 77, 78
縦型動画 ………………… 19, 122
- 完全視聴率 ………………… 20
- 制作のポイント …………… 114

ち

チェックリスト …………………… 171
中間フェーズ …………… 151, 152
注視時間 …………………………… 17
調査・企画 ……………………… 138
- 工程 ………………………… 144
- 例 …………………………… 146
- データのサイト …………… 139
直接効果 …………………………… 84
チラシ ………………… 102, 158

つ

つかみ ……………………………… 151

て

テキスト素材 …………………… 101
デザイン …………………………… 94
テスト ……………………………… 89
- 期間 ………………………… 92
- 予算 ……………………… 92, 95
- 例 …………………………… 90
テストマーケティング …………… 14
デマンドジェネレーションキャンペーン … 45

と

動画広告
- アイテム ……………………… 180
- コスト ……………………… 13
- 情報収集 ……………………… 27
- スマートフォン ……………… 10
- 制作のサイクル ……………… 143
- 制作のステップ ……………… 138
- 制作のポイント ……………… 93
- 注意点 ……………………… 181
- 定義 ……………………… 8
- 伝達力 ……………………… 18
- 配信期間 ……………………… 184
- 媒体 ……………………… 37
- フォーマット ……………… 31
- 見るシチュエーション ……… 15
- 目的 ……………………… 13, 28
- 予算 ……………………… 96
動画視聴キャンペーン ………… 44
動画編集 ……………………… 140
動画リーチキャンペーン ……… 44
同時期配信 ……………………… 89, 92
トーク ……………………… 67
留め画 ……………………… 184

に

入稿審査 ……………………… 141, 159
ニュース ……………………… 67
認知効果 ……………………… 16

の

納品 ……………………… 141

は

パーツ ……………………… 94
配信・改善フェーズ …………… 141

配信設計 ……………………… 22, 23
媒体選定 ……………………… 97
発見タブ ……………………… 59
販売促進 ……………………… 16

ひ

表現パターン ………………… 158
秒数 ……………………… 150, 152

ふ

複数本配信 ……………………… 89, 177
ブランディング ……………… 16
ブランドリフト調査 …………… 87
フリークエンシーキャップ 163, 166
- コスト効率 ……………… 165
- 上限回数 ……………… 164
プレロール広告 ……………… 32, 35
プロモビデオ ………………… 63

ほ

ポストロール広告 …………… 33, 36

み

ミッドロール広告 …………… 33, 36

も

モバイルファースト ………… 19

よ

予算 ……………………… 98
予約型 ……………………… 72

ら

ラフコンテ ………… 105, 139, 153
- 作り方 ……………… 154, 155
ランディングページ … 29, 157, 162

著者略歴

久保田洋平

株式会社エッジ代表取締役。
徳島県鳴門市生まれ。エイチアンドダブリュー株式会社の動画マーケティングディレクターとして、中小・大手企業のデジタル領域における動画広告の企画・制作に従事。10 年ほど前より「動画広告市場の拡大」をミッションに、メディアと協業し Web 動画広告メニューを企画・販売。2015 年に動画マーケティング事業をグループ会社の株式会社エッジに移管し代表取締役就任。2018 年、株式会社バントへ事業譲渡。

執筆協力

塚越雅之（Tidy）、砂田明子

DTP・イラスト

リンクアップ

カバーデザイン

クオルデザイン 坂本真一郎

編集

石井智洋

●お問い合わせについて

本書の内容に関するご質問は、下記の宛先まで FAX または書面にてお送りいただくか、弊社 Web サイトの質問フォームよりお送りください。お電話によるご質問、および本書に記載されている内容以外のご質問には、一切お答えできません。あらかじめご了承ください。

〒 162-0846 東京都新宿区市谷左内町 21-13
株式会社技術評論社 書籍編集部「基本から実践までわかる 動画広告の教科書」質問係
FAX：03-3513-6181
技術評論社 Web サイト：https://gihyo.jp/book/

なお、ご質問の際に記載いただいた個人情報は質問の返答以外の目的には使用いたしません。
また、質問の返答後は速やかに削除させていただきます。

基本から実践までわかる 動画広告の教科書

2024 年 12 月 6 日　初版　第 1 刷発行

著者……………………………… 久保田洋平
発行者…………………………… 片岡 巌
発行所…………………………… 株式会社技術評論社
　　　　　　　　　　　　　　　東京都新宿区市谷左内町 21-13
電話……………………………… 03-3513-6150（販売促進部）
　　　　　　　　　　　　　　　03-3513-6185（書籍編集部）
印刷／製本……………………… 日経印刷株式会社

ISBN 978-4-297-14498-2 C3055
Printed in Japan